내 몸을
건강하게 지켜주는

약초
사전

(증상에 따른 약초 이용법)

권영한 저

전원문화사

머리말

우리들의 생활은 문명이라는 이름 아래 자연과 점차 멀어지고 있다.

뿐만 아니라 생활의 모체인 자연을 자꾸만 훼손하여 숨쉬는 공기, 마시는 물, 그리고 밟고 다니는 토양 등까지도 근대화와 개발이라는 이름 아래 한없이 더럽히고 있다. 그리하여 그러한 땅에서 생산되는 채소나 곡식도 상대적으로 오염되어 우리의 건강을 위협하는 사태에까지 이르렀으며 옛날에 없었던 여러 가지 병들이 우리들의 건강과 생명을 위협하기에 이르렀다.

그래서 근래에 와서는 농약이나 화학비료를 쓰지 않고 생산한 무공해 식품이 사람들의 관심을 끌고 또 사람들이 요구하게 되었다. 그것은 자연의 힘으로 생산된 자연적인 식품이 인간의 건강과 생명을 지켜주는데 필수적인 것이라는 것을 잘 알기 때문이다. 옛날 우리의 조상들은 오랜 경험을 통하여 산이나 들에서 자라는 산야초를 뜯어서 나물로 먹어왔으며 또한 그들 나물을 섭취함으로써 건강한 생활을 해왔다.

자연 속에서 자라난 산과 들에 나물들은 완전한 무공해 식품이며 공해로 멍들어 가는 우리의 신체를 건강하게 지켜주는 최상의 보약이기 때문이다. 그래서 이 책에서는 우리 주변에서 쉽게 발견할 수 있고 채취할 수 있는 풀들 중에서 나물로 먹을 수 있는 것들을 골라 사진과 함께 구체적으로 풀이하여 소개하였다.

누구라도 이 한 권의 책만 보면 산과 들에 계절마다 자라는 많은 나물 중에서 유익하게 이용할 수 있는 산나물과 들나물들을 가려서 채취할 수 있고 또 맛있게 먹고 건강을 유지할 수 있는 방법을 알게 된다. 자연을 사랑하고 자연식을 희망하고 그리고 건강을 바라는 많은 사람들에게 좋은 지침서가 된다면 필자에게는 한없는 영광이 될 것이다.

저자 권영한

CONTENTS 목차

Chapter 03

**병 증상에 따른 약초이름 찾아
보기 · 290**

CHAPTER 01

약초 채취방법

01 야생약초 채취에 대해

건강하게 살고자 하는 것은 모든 사람들의 바램입니다. 건강을 유지하고 건강한 육체를 유지하기 위해서 사람들은 약초를 사용합니다.

약초는 건재약방에서 살 수도 있지만 자기가 필요로 하는 약초를 직접 자기 손으로 채취한다는 것은 무척 의미 있는 일이고, 채취를 하는 과정에서 자연과 친하고 자연 속에서 활동을 하게 되므로, 채취 활동 자체가 벌써 건강과 연결되는 좋은 운동입니다. 자기가 필요한 약초를 본인이 직접 채취한다는 것은 더더욱 바람직한 일이라고 생각합니다. 야생약초 채취를 잘하는 데는 최소한 다음과 같은 점을 미리 알아둘 필요가 있습니다.

02 채취할 곳과 채취해서는 안되는 곳

우선 모든 땅에는 반드시 임자가 있다는 사실을 꼭 알아야 합니다. 임자가 원하지 않을 만한 곳에서 약초 채취를 하면 반드시 문제가 생기고 어려움을 당하게 되는 수도 있으니 장소를 잘 가려서 채취해야 합니다. 특히 도시 속의 공원이라든가 가로수 또는 사방을 목적으로 쌓은 재방 등에서는 채취를 삼가하는 것이 좋습니다.

채취를 해도 될 만한 곳에서라도 바른 자세로, 자연을 사랑하는 마음으로 자연을 훼손하지 않는 범위에서 채취해야 합니다.

03 약초 채취를 하기 위한 복장과 준비물

약초 채취를 위한 특별한 복장이 있는 것은 아니지만 산과 들에 나가는 것이므로 최소한 다음과 같은 것을 준비하는 것이 안전합니다.

① 복장
- 모자를 꼭 쓰고 간다.
- 긴팔 옷을 입는다. 바지도 긴 바지를 입는다. 특히 여성들은 약초 채취 여행 때 치마를 입어서는 안 된다.
- 발목까지 오는 긴 신발을 신는다.
- 반드시 목장갑을 끼도록 한다.
- 모든 소지품은 배낭에 넣어 양손이 자유롭게 활동할 수 있게 한다.
- 우의를 준비한다(예기치 않은 기상 변화 때문).

② 장비
- 전지 가위
- 칼
- 작은 삽
- 톱
- 낫
- 비닐봉지, 책보, 헌 신문지 등
- 메모용 수첩

04 채취 상의 주의점

집 가까운 들판이나 강가에 갈 때는 예외이지만 먼 곳이나 산속으로 약초 채취를 위해 출발할 때는 반드시 마음 맞는 2~3명이 함께 가는 것이 바람직합니다. 너무 여러 명이 함께 가면 행동에 제한을 받아 능률적이지 못하므로 소인원이 좋습니다.

채취 상의 주의할 점을 요약하면 다음과 같습니다.

① 발견한 약초는 반드시 잘 확인해서 독초나 다른 풀이 아닌지 꼭 알아본 다음에 채취하도록 한다.
② 자기가 필요로 하는 양만큼만 채취한다. 쓸데없는 욕심을 내어 그곳에 그 품종을 멸종시키는 일이 있어서는 안 된다.
③ 필요로 하는 부위만을 채취한다. 예를 들면 열매가 필요한데 가지까지 꺾어 버리는 일들은 하지 않아야 한다. 뿌리가 필요할 때는 일부만을 떼어내고 다시 살 수 있도록 몇 개의 뿌리는 남겨두고 채취한 곳의 흙을 잘 덮어 준다.
④ 아무리 필요로 하는 품종이라도 그것을 채취함으로 그곳에 그 품종이 멸종할 우려가 있을 때는 채취를 삼가하는 애정을 가진다.

05 채취 후의 처리

채취한 약초는 조금씩 잘 손질을 하고 물에 씻습니다. 상한 잎과 벌레 먹은 것 등을 가려내고 먼지와 흙을 흐르는 물에 세제를 쓰지 않고 물로만 씻습니다.

약초에 따라 그냥 말리는 것, 쪄서 말리는 것, 삶아서 말리는 것 등을 잘 가려서 각각 적당한 방법으로 보관을 했다가 필요할 때 쓰도록 합니다.

자기 손으로 약초를 캔다는 것은 좋은 자연 공부도 되고 약초 캐러가는 것 그 자체가 바로 좋은 건강 운동이며 스트레스 해소에 좋은 치료 행위가 됩니다.

목적 있는 행동은 늘 우리들을 고무시키고 의욕적인 활력을 가져다 줍니다. 친지나 가족과 함께 아름다운 산야에서 찾고 있던 약초를 발견했을 때 느끼는 기쁨은 캐낸 약초보다 더 큰 정신적 보화를 가져다 주기도 합니다.

CHAPTER 02

약초의 특성과 이용법

01 가래 (眼子菜) Potamogeton distinctus

가랫과의 다년생초

논 또는 강가에 자생하는 풀로서 물속을 뻗어가는 땅속뿌리줄기에서 10~60cm 길이의 잎줄기가 자라고 그 끝에 잎이 달린다. 물 위에 뜨는 잎은 표면이 녹색이고 광택이 있으며 뒷면은 갈색이다. 잎맥은 볼록하게 튀어 올라와 있다. 7~8월경에 잎겨드랑이에서 자라난 긴 꽃대 끝에 초록색 꽃이 핀다.

- 약용 부위 : 풀 전체
- 채취 시기 : 7~8월
- 분포 : 전국
- 생장지 : 논, 연못, 늪

약효 용법

소화 불량, 이뇨, 간염, 황달
- 1회에 2~5g을 달여서 복용한다.

02 가지 Solanum nelongena

가짓과의 일년생초

인도가 원산지인 이 채소는 우리나라에 귀화한 작물의 하나이다. 맛이 좋아서 여러 가지 요리에 많이 쓰인다.

- 약용 부위 : 열매꼭지,
  꽃, 줄기, 잎
- 채취 시기 : 여름
- 분포 : 전국
- 생장지 : 밭에서 재배

약효 용법

1. 숙취 … 꽃 말린 것 1회에 10g 정도를 달여서 복용한다.
2. 손 튼 데 … 뿌리 달인 물을 바른다.
3. 동상 … 줄기 달인 물을 바른다.

03 각시 둥굴레 Polygonatum humile

백합과의 다년생초

타원형에 가까운 잎은 두 줄로 서로 어긋나게 나며 잎맥이 약간 돌기되어 있다. 꽃은 5~6월에 피며 약 1.8cm 정도의 작은 백록색 원통 모양의 꽃은 엽액에 1~2개씩 달려 있다.

- 약용 부위 : 근경
- 채취 시기 : 여름, 가을
- 분포 : 강원, 경기, 전남, 중국, 일본

약효 용법

1. 자양 강장 … 하루 5~10g을 달여서 마신다. 술을 담궈서 마시기도 한다.
2. 어린이 허약 체질 … 1회에 6~8g과 생강 3쪽, 대추 3개를 함께 달여서 마신다.

04 갈대 Phragmites communis

볏과의 다년생초

전국 각지의 물가나 강가에 자생하는 아주 키가 큰 잡초이며 큰 것은 3m에 이르는 것도 있다. 키가 커도 줄기가 빳빳해서 바람에 잘 쓰러지지 않고 곧게 선다. 지하에 거친 땅속줄기가 잘 발달해서 군락을 이루고 한 지역에 군생한다. 잎은 서로 어긋나게 자라며 기부는 포를 이루어 줄기를 감싸고 있다. 줄기 끝에 큰 이삭모양의 꽃이 가을에 피는데 옛날에는 이것을 잘라서 방비를 만들었다.

- 약용 부위 : 근경
- 채취 시기 : 가을
- 분포 : 전국
- 생장지 : 늪가, 강가

약효 용법

구토, 발열, 이뇨
- 1회에 5~10g을 달여서 복용한다.

05 감 Diospyros kaki

감나무과의 낙엽 교목

우리나라 특유의 과실나무이며 높이 10m에
달한다. 잔가지에는 보드라운 털이 나 있으
며 많은 가지를 치고, 목질이 다른 나무에
비해서 연하므로 부러지기 쉽다. 묶은 둥치
는 검은색이며 껍질에는 잔금이 많고, 많이
갈라져 있다.

- 약용 부위 : 잎, 감꼭지
- 채취 시기 : 여름, 가을
- 분포 : 전국

약효 용법

딸꾹질, 이뇨, 혈압 강하, 백일해
1. 혈압 강하 … 말린 잎을 1일 3회 5~7g 차로 달여 마신다.
2. 딸꾹질 … 감꼭지를 5~6g 달여서 마신다.

06 감국 Chrysanthemum indicum

국화과의 다년생초

몇 해 묵은 줄기는 단단하며 목질화되어서 굵고 딱딱하다. 줄기는 많은 가지를 쳐서 여러 대가 자란다. 잎은 보통의 국화 잎과 모양이 같으나 조금 작은 편이다. 10~11월에 줄기와 가지 끝에 여러 송이의 꽃이 노랗게 피며 향기가 아주 진하다.

- 약용 부위 : 꽃
- 채취 시기 : 가을
- 분포 : 전국 각지
- 생장지 : 양지바른 풀밭

약효 용법

감기로 인한 발열, 기관지염, 두통, 현기증, 위염
- 말린 약재를 1회에 3~5g 달여서 복용한다

07 개구리밥 Spirodela polyrhiza

개구리밥과의 다년생초

논이나 연못 물 위에 떠다니는 작은 풀이다. 늦가을에 타원형인 겨울눈이 생겨서 물 밑 바닥에 가라앉아 월동을 하고 다음해 봄에 물 위로 떠올라 번식을 한다. 번식력은 왕성해서 10일 간에 약 10~20배로 증가한다고 한다. 잎 아랫부분에 흰 줄기가 여러 개나 있다.

- 약용 부위 : 풀 전체
- 채취 시기 : 6~9월
- 분포 : 전국
- 생장지 : 논이나 연못 등 고인 물

약효 용법

이뇨, 발한, 해열
1. 말린 약재를 1회에 2~4g 달여서 복용한다.
2. 피부 질환 … 생풀을 짓찧어서 붙인다.

08 개나리 Forsythia koreana

물푸레나뭇과의 낙엽 관목

개나리는 이른봄, 다른 나무들이 모두 잠잘 때 황금빛 꽃이 가지에 넘치듯 피어나며 순수한 우리의 꽃나무로 전국 어디서라도 잘 찾아볼 수가 있다.

- 약용 부위 : 열매
- 채취 시기 : 가을
- 분포 : 전국
- 생장지 : 양지쪽 산비탈

약효 용법

오한과 열, 소변불금, 신장염, 임파선염, 해독
1. 1일 12~20g을 달여서 3회에 나누어서 마신다.
2. 화농성 질환 … 달인 물로 환부를 씻는다.

09 개맨드라미(青葙子) Celosia argentea

비름과의 일년생초

인도 지방이 원산인 이 풀은 우리나라에 귀화한 지 오래되어 지금은 야생도 한다. 높이 50~90cm 정도이고 잎은 마주 나며 피침형이고 끝이 날카롭다. 꽃은 가지 끝에 이삭모양으로 피는데 끝부분은 분홍색이고 아랫부분은 흰색이어서 참 보기가 좋다. 관상용으로 울타리 가장자리에 많이 심는다.

- 약용 부위 : 종자
- 채취 시기 : 가을
- 분포 : 중부 지방과 제주도에 야생
- 생장지 : 양지바르고 바람이 세지 않은 곳

약효 용법

고혈압, 가려움증
1. 1회에 3~5g을 달여서 복용한다.
2. 부스럼, 외상 … 생잎을 짓찧어서 붙인다.

10 개미자리 Sagina japonica

석죽과의 이년생초

마당가에 흔히 자라는 풀로서 키 10cm 정도
이고 잎과 줄기에는 짤막한 가는 털이 나 있
다. 잎은 줄꼴로 끝이 뾰족하고 줄기를 감싸
듯이 줄기에서 바로 나며 잎자루가 없다. 6
~8월에 긴 꽃대가 자라 그 끝에 작은 흰 꽃
이 핀다.

- 약용 부위 : 풀 전체
- 채취 시기 : 봄, 여름
- 분포 : 전국, 아시아,
  유럽(귀화),
  북미(귀화)
- 생장지 : 밭, 길가,
  개울가, 산기슭

약효 용법

이뇨, 해독
1. 말린 약재를 1회에 3~8g 달여서 복용한다.
2. 옻오른 데 … 약재를 달인 물로 환부를 씻는다.

11 개쑥부쟁이 Aster ciliosus

국화과의 이년생초

줄기는 곧게 서서 길고 여러 개의 가지를 치
며 가지 끝에 아름다운 보랏빛 꽃을 피운
다. 잎은 어긋나고 길쭉한 피침형이며 거칠
거칠한 털이 있다. 산야에 많이 자생하지만
꽃이 아름다워서 원예용으로 재배하는 곳도
있다.

- 약용 부위 : 뿌리
- 채취 시기 : 가을
- 분포 : 전국
- 생장지 : 야산, 들판

약효 용법

기침, 거담
- 말린 약재를 1일 3~10g 달여서 3회에 나누어서 복용한다.

12 개오동나무 Catalpa ovata

능소화과의 낙엽 활엽수

심장형인 잎은 긴 잎자루 끝에 2장씩 마주
나고 주맥과 측지 기부에 검은 점이 있다.
가지 끝에 원추 화서가 나오며 황백색 꽃
이 6~7월에 핀다. 열매는 삭과이고 길이
30cm 가량이나 되는 긴 꼬투리 속에 들어
있다. 잎은 넓은 달걀형이고 끝이 뾰족하며
잎맥 부근이 깊게 파여 있다.

- 약용 부위 : 과실
- 채취 시기 : 가을
- 분포 : 전국
- 생장지 : 야산의 숲속

약효 용법

이뇨, 수종
- 말린 약재를 1일 10g 달여서 3번에 나누어 복용한다.

13 갯버들 Salix gracilistyla

버드나뭇과의 낙엽 활엽수

초봄 다른 꽃이 피기 전, 이 나무의 솜털에 싸인 꽃망울을 '오요강아지'라고 하며 봄의 전령으로 감상한다. 키는 2~3m이고 다른 버드나무와 다른 점은 모든 가지가 위를 향하고 있다는 것이다.

- 약용 부위 : 뿌리, 수피
- 채취 시기 : 7~8월
- 분포 : 전국
- 생장지 : 냇가, 산골짝

약효 용법

해열

- 1일 5~15g을 달여서 하루 3회 복용한다.

14 겨우살이 Viscum album var. coloratum

겨우살이과의 상록 관목

참나무, 밤나무, 팽나무, 오리나무 등에 잘 기생하는 기생목으로 겨울에도 푸르르며 기생하는 나무 위에 마치 까치집과 같이 둥글게 자리 잡고 있다. 특히 겨울철 낙엽이 진 다음에 눈에 더욱 잘 띈다. 가지는 마디마다 2갈래로 갈라져서 많은 가지를 치고 잎도 항상 2장이 마주 나며 다육질이고 미끈미끈하며 털이 없다. 줄기와 가지 모두 황록색이다.

- 약용 부위 : 줄기, 잎
- 채취 시기 : 필요할 때
- 분포 : 전국
- 생장지 : 참나무, 오리나무 등의 숲

약효 용법

요통, 산후, 신경통, 고혈압
- 말린 약재를 1회에 4~6g 달여서 복용한다.

15 결명차 Cassia tora

콩과의 일년생초

깃꼴겹잎인 잎은 마디마다 2~4쌍씩 자라고 온몸에 잔털이 나 있다. 잎겨드랑이에서 생겨난 짤막한 꽃대에 두 송이의 꽃이 피어나는데 지름 1.5cm의 황색 꽃이다. 꽃잎은 5장이고 꽃이 지고 나면 가늘고 긴 꼬투리가 생기고 그 속에 여러 개의 열매가 들어 있다.

- 약용 부위 : 종자
- 채취 시기 : 가을
- 분포 : 전국
- 생장지 : 인가 부근,
  밭에서 재배

약효 용법

변비, 고혈압 예방, 신경통, 시력 보호
1. 1회에 2~4g을 천천히 달여서 마신다.
2. 항상 차로 복용한다.

16 계뇨 Paederia scandens

꼭두서닛과의 덩굴 초본

남부 지방의 숲에 가면 눈에 잘 띄는 덩굴성 낙엽풀이다. 마디마다 2장의 잎이 마주 나 있고, 잎의 형태는 달걀형 또는 긴 달걀형이며 길이 6~12cm 정도이다. 끝은 뾰족하며 표면과 뒷면의 잎색이 달라 표면의 녹색이 더 진하다. 가지 끝과 그 곁에서 자란 꽃대 위에 원통모양의 앙증스러운 작은 흰 꽃이 피어난다. 꽃의 바깥면에는 잔털이 많이 나 있다.

- 약용 부위 : 과실
- 채취 시기 : 가을
- 분포 : 남부 지방,
  제주도, 울릉도
- 생장지 : 들판의 양지
  바른 곳

약효 용법

신경통, 기침, 관절염, 동상
1. 말린 약재를 1회에 3~6g 달여서 복용한다.
2. 동상 … 생과를 짓찧어서 환부에 붙인다.

17 계수나무 Cercidiphyllum japonicum

계수나뭇과의 낙엽 교목

원산지에서는 지름 1m, 높이 25m에 달하는
큰 나무이다. 수피는 회갈색이고 껍질이 얇
게 갈라지며 벗겨진다. 잎은 심장형이고 뒷
면에 5~7개의 잎맥이 뚜렷하다. 자웅 이주
로 꽃은 4~5월에 잎맥에서 꽃받침과 화관
이 없이 자홍색으로 피는데 향기가 짙다. 열
매는 삭과로 3~5개씩 달리고 긴 타원형으
로 10~11월에 갈색으로 익는다.

- 약용 부위 : 잎
- 채취 시기 : 가을
- 분포 : 중남부 지방
- 생장지 : 정원, 인가
  부근

약효 용법

방향제
- 홍엽을 분말로 빻아 식품에 무공해 천연 향신료로 사용한다.

18 고마리 Persicaria thunbergii

마디풀과의 일년생초

양지바르고 습기가 많은 풀밭에 여러 포기가
무리를 이루어 자라는 풀이다. 줄기에는 가
지가 많이 나오며 높이 약 70cm로 자란다.
또 줄기는 모가져 있으며 갈고리 같은 많은
가시가 나 있다. 잎은 마디마다 서로 어긋나
게 나 있고 생김새는 방패모양이다. 분홍색
꽃은 8~9월에 가지 끝에 핀다.

- 약용 부위 : 풀 전체
- 채취 시기 : 가을
- 분포 : 전국 각지에 분포
- 생장지 : 도랑가 등
            습기가 많은 곳

약효 용법
설사, 이뇨, 해열, 해독
- 1일 12~20g을 달여서 3회에 나누어 복용한다.

19 고본 Angelica tenuissima

미나릿과의 다년생초

줄기는 약 50cm 정도로 곧게 자라며 여러 개의 가지가 난다. 잎은 부드럽고 끝은 뾰족하다. 줄기와 잎 양쪽에 부드러운 털이 많이 나 있다. 꽃은 4~5월에 피고 흰색이며 과실은 타원형이고 날개가 달려 있다.

- 약용 부위 : 뿌리
- 채취 시기 : 개화기
- 분포 : 전북, 경남, 충청도
- 생장지 : 깊은 산의 계곡

약효 용법

두통, 오한, 발열, 관절통, 진경
- 1일 5~10g을 달여서 3회에 나누어 복용한다.

20 고사리 Pteridium aquilinum var. latiusculm

양치식물 고사릿과의 다년생초

햇빛이 잘 드는 산이나 들에 자생하며 겨울
에는 지상부가 말라 죽고 봄에 새잎이 돋아
난다. 줄기는 연필 정도로 굵으며 잎은 깃털
모양을 하고 있다.

- 약용 부위 : 지상부
- 채취 시기 : 봄, 가을
- 분포 : 전국
- 생장지 : 산의 양지쪽

약효 용법

설사, 해열, 황달, 대하증
1. 건초를 1일 10~25g 달여서 3회에 복용한다.
2. 잎이 피기 전에 순을 잘라서 나물로 먹는다.

21 고삼 Sophora flavescens

콩과의 다년생초

깃털과 같은 긴 잎이 1m 정도나 되는 줄기와 가지 위에 서로 어긋나게 붙어 있으며 6~8월경에 나비모양의 연노랑 꽃이 핀다. 꽃이 지면 염주모양의 많은 열매가 맺는다. 뿌리가 쓰다는 것에서 고삼이라는 이름이 붙었다.

- 약용 부위 : 뿌리, 잎
- 채취 시기 : 여름, 가을
- 분포 : 전국 각지
- 생장지 : 산과 들
  양지 바른 곳

약효 용법

소화 불량, 식욕 부진, 신경통, 이뇨
1. 1일 6~12g을 달여 3회에 나누어 복용한다.
2. 마른 잎을 잘게 썰어서 화장실에 넣으면 구더기가 죽는다.

22 고욤나무 Diospyros lotus

감나무과의 낙엽 활엽수

높이 약 12m에 달하는 낙엽 교목으로 자웅
이주이며 수피는 암갈색이고 가로로 많이 갈
라져 있다. 잎은 길이 8~16cm이며 타원형
이고 잎자루가 있다. 가장자리에 톱니가 없
고 끝이 뾰족하다. 모든 생김새가 감나무와
흡사하나 그 열매가 작다는 점이 다르다.

- 약용 부위 : 과실
- 채취 시기 : 가을
- 분포 : 남부 지방
- 생장지 : 온화하고
　　　　바람이 잔잔한 곳

약효 용법

혈압 강하, 지갈증, 소갈증
- 혈압 강하 … 1일 3회, 생즙 한 종지에 무즙을 타서 공복에 마신다.

23 **고추** Capsicum annuum

가짓과의 일년생초

우리가 양념으로 먹는 보통의 고추를 말하는데, 키 60cm 정도로 자라고 잎은 어긋나며 여름에 흰 꽃이 잎겨드랑이에서 하나씩 핀다. 길고 둥근 열매는 처음에 초록색이나 점점 익어감에 따라 빨갛게 된다.

- 약용 부위 : 과실
- 채취 시기 : 가을
- 분포 : 전국
- 생장지 : 밭에서 재배

약효 용법

건위, 신경통
- 생과로 먹거나 양념으로 먹는다.

24 고추나무(고칫대나무) Staphylea bumalda

고추나뭇과의 낙엽 활엽수

가지는 회갈색이며 잎은 가지에 대생하며 3
장의 작은 잎으로 된 복엽으로 2~3cm의 잎
자루가 있다. 새가지 끝에 원추 화서가 나오
며 흰 꽃이 5~6월에 핀다. 열매는 반원형인
공기주머니처럼 부푼 자루 속에 들어 있으며
9~10월에 갈색으로 익는다.

- 약용 부위 : 종자
- 채취 시기 : 초가을
- 분포 : 전국
- 생장지 : 산골짝

약효 용법

설사, 소염
1. 1일 5~10g을 달여서 3회에 나누어 마신다.
2. 타박상에 약재를 달인 물로 씻고 찜질한다.

25 골풀 Juncus effusus var. decipens

골풀과의 다년생초

습한 곳에 많이 나는 잡초이며 잎은 보이지
않고 빨대와 같이 생긴 줄기만 길게 자라는
데 1m 정도로 길게 자라는 것도 있다. 꽃은
줄기 윗부분에 뭉쳐서 피는데 갈색이고 개
화기는 5~6월이다. 옛날에는 이 풀의 골속
을 등잔의 심지로 사용하였다.

- 약용 부위 : 줄기
- 채취 시기 : 가을
- 분포 : 전국
- 생장지 : 습기가 많은 곳

약효 용법

이뇨, 산후 부증
- 말린 약재를 1회에 2~4g 달여서 복용한다..

26 광대싸리 Securinega siffruticosa

대극과의 낙엽 활엽 교목

야산이나 개울가에 자생하는 낙엽 교목으로 높이 10m 정도에 이르는 것도 있다. 많은 가지를 치며 가지의 끝이 아래를 향해서 처진다. 잎은 긴 타원형이고 잎겨드랑이에 둥근 열매가 많이 달린다. 여름에 작은 담황색의 꽃이 핀다.

- 약용 부위 : 잎
- 채취 시기 : 개화 시
- 분포 : 전국
- 생장지 : 야산의 숲

약효 용법

소아마비

- 소아마비 후유증 치료약을 만드는 데 쓰인다.

27 괭이밥 Oxalis corniculata

괭이밥과의 다년생초

집 가나 길가 등 어디서라도 쉽게 볼 수 있는 흔한 풀이다. 봄부터 가을까지 계속 작은 노란 꽃이 피고 저녁 때가 되면 꽃과 잎이 모두 오므라든다. 잎이나 줄기를 씹어 보면 신맛이 난다.

- 약용 부위 : 풀 전체
- 채취 시기 : 개화중
- 분포 : 전국
- 생장지 : 길가, 밭둑, 풀밭

약효 용법

열로 인한 갈증, 이질, 간염, 피부병
1. 1일 10~15g을 달여서 3회에 복용한다.
2. 생즙을 마신다.
3. 생풀을 짓찧어 피부병에 바른다.
4. 어린 싹을 뜯어 나물로 먹는다.

28 구기자나무(枸杞子) Lycium chinense

가짓과의 낙엽 활엽수

한방과 민간약으로 옛날부터 많이 사
용한 가장 친숙한 약 나무이다. 들과
산에 자생하는 나무이지만 과수원이
나 밭 또는 집의 울타리에도 많이 심
는다. 가지가 길게 뻗으며 여름에 연
보라색 꽃이 피고 가을에 타원형이 빨
간 열매를 많이 맺는다.

- 약용 부위 : 과실, 잎, 뿌리
- 채취 시기 : 과실과 뿌리 …
  가을, 잎 … 여름,
  분포 전국 각지
- 분포 : 한국, 일본, 중국 부동부
- 생장지 : 산과 들의 양지쪽

약효 용법

피로 회복, 소염, 이뇨, 고혈압
1. 말린 약재를 1회에 4~8g 달여서 복용한다.
2. 구기자술을 담궈 조금씩 복용한다.
3. 어린순을 나물로 먹는다.

29 구절초 Chrysanthemum zawadskii var. latilobum

국화과의 다년생초

엷은 홍색 또는 흰색의 꽃은 7~9월에 피
며 가지 끝마다 한 송이씩 피는데 지름은 약
5cm 정도이다.

- 약용 부위 : 풀 전체
- 채취 시기 : 6월
- 분포 : 전국
- 생장지 : 야산

약효 용법

풍병, 부인 냉증, 위장약
- 1일 5~8g을 달여서 3회 복용한다.

30 국화 Chrysanthemum morifolium

국화과의 다년생초

옛날부터 우리나라에 자생하던 재래종 국화
를 말한다. 늦가을 서리가 올 무렵에 노랗게
피며 향기가 아주 진하다. 줄기는 높이 70
~100cm 정도까지 자라며 많은 떨기가 난
다. 잎은 어긋나고 깊이 파여 있으며 잎과
줄기에도 끈끈한 국화 특유의 냄새가 난다.

- 약용 부위 : 꽃
- 채취 시기 : 가을
- 분포 : 전국 각지
- 생장지 : 집 가까이

약효 용법

기침, 두통
1. 말린 꽃잎 5~10g을 달여서 1일 2~3회에 나누어 복용한다.
2. 국화주를 담가서 복용한다.

31 굴거리 Daphniphyllum macropodum

대극과의 상록 교목

붉은빛을 띤 기다란 잎자루에 달린 잎은 고무나무 잎처럼 두텁고 광택이 난다. 봄에 이삭모양의 꽃이 피고 열매는 작은 타원형이며 익으면 남색이 된다.

- 약용 부위 : 잎, 수피
- 채취 시기 : 필요 시
- 분포 : 지리산, 내장산,
  안면도, 남해안
- 생장지 : 산의 숲속

약효 용법

관절통, 요통, 발기 부진, 불면증
- 1회에 2~4g을 달여서 복용한다.

32 궁궁이 Angelica polymorpha

미나릿과의 다년생초

높이 30~60cm 정도로 자라며 잎은 2회 우
상복엽이며, 작은 잎은 달걀형 피침꼴이고
깊게 파였으며 가장자리에는 잔 톱니가 있
다. 꽃은 줄기 끝에 이중으로 우산을 편 듯
하게 피는데 많은 작은 흰 꽃들이 모여 있
다. 풀 전체에 특이한 냄새가 있어서 쉽게
찾을 수 있고, 단오 때 여자들이 머리에 꽂
아 왔다.

- 약용 부위 : 근경
- 채취 시기 : 가을
- 분포 : 전국
- 생장지 : 물기가 많은
  산골짝

약효 용법
산후 출혈, 치질로 인한 출혈, 빈혈, 일반 부인병
1. 궁귀교애탕을 지어 복용한다.
2. 이른봄에 자라는 새순을 나물로 무쳐 먹는다.

33 금귤 Citrus kinkan

운향과의 상록 활엽수

감귤의 일종이며 열매가 매우 작고 매추리
알 정도의 크기이다. 보통의 귤은 껍질을 버
리고 속과 과즙을 먹는데 금귤은 껍질째 먹
는 것이 특색이다. 관상용으로 화분에서도
많이 기른다.

- 약용 부위 : 과실
- 채취 시기 : 열매가 잘
  익었을 때
- 분포 : 제주도
- 생장지 : 밭에서 재배

약효 용법

기침, 감기, 피로회복
1. 금귤 10개 정도를 통째로 썰어 설탕과 함께 달여서 더울 때 복용한다.
2. 술을 담가서 마시고, 껍질을 생으로 먹는다.

34 까마중 Solanum nigrum

가짓과의 일년생초

높이 20~80cm에 이르는 이 풀은 초세가
강하며 많은 가지를 친다. 잎은 어긋나게 나
고 끝이 뾰족하다. 5~6월경 마디 사이에서
자란 꽃대에서 작은 흰 꽃이 5~8송이 뭉쳐
서 핀다. 열매는 검게 익는데 물기가 많다.

- 약용 부위 : 근경
- 채취 시기 : 봄, 여름
- 분포 : 전국 각지
- 생장지 : 양지바른풀밭

약효 용법

감기, 만성 기관지염, 해열, 이뇨
1. 말린 약재를 1회에 5~13g 달여서 먹는다.
2. 종기, 피부염 … 생풀을 짓찧어서 붙인다.
3. 어린순은 나물로 먹는다.

35 까치수염꽃나무 Clethra barbinervis

까치수염 꽃나뭇과의 낙엽 활엽수

가지는 한 곳에서 여러 개 사방으로 많이 나
며 색깔은 흑갈색이다. 잎은 서로 어긋나고
길쭉한 타원형이며 양끝이 뾰족한 편이다.
가지 끝에 여러 개가 모여 나는 것처럼 보인
다. 꽃대는 가지 끝에 자라나서 6월경에 흰
색의 꽃이 핀다.

- 약용 부위 : 근경
- 채취 시기 : 가을, 겨울
- 분포 : 한라산
- 생장지 : 깊은 숲속

약효 용법

홍역, 변비
1. 변비 … 1일 8~10g을 달여서 3회에 나누어 복용한다.
2. 홍역 … 청사초, 세신, 식염 등과 함께 달여서 복용한다.

36 꼭두서니 Rubia akane

꼭두서닛과의 다년생초

줄기는 많은 가지를 치고 모가 지며, 그 위에 작은 가시가 나 있다. 긴 잎자루 끝에 달리는 심장형인 잎은 가장자리에 톱니가 없고 밋밋하다. 7~8월에 가지 끝과 잎겨드랑이에서 작은 노란 꽃이 여러 송이 뭉쳐서 핀다. 열매는 검은색이며 서로 몇 개가 붙어 있다.

- 약용 부위 : **뿌리**
- 채취 시기 : **가을**
- 분포 : **전국**
- 생장지 : **산과 들의 잡초 덤불 속**

약효 용법

통경, 지혈
1. 말린 약재를 1회에 3~5g씩 달여서 복용한다.
2. 이른봄에 어린순을 나물로 먹는다.

37 꽈리 Physalis alkekengi var. francheti

가짓과의 일년생초

줄기는 높이 약 80~100cm에 이르고 가지를 많이 친다. 잎은 두 장씩 마주 나며 짧은 잎자루 끝에 불규칙적인 톱니가 있는 타원형이다. 6~7월에 잎겨드랑이에 한 송이씩 노란 꽃이 피며 과실은 장과로 둥글며 붉게 익는다.

- 약용 부위 : 근경
- 채취 시기 : 7~8월
- 분포 : 전국
- 생장지 : 관상용으로 재배

약효 용법

진해, 해열, 이뇨
- 말린 약재를 1일 3~10g을 달여서 3회에 나누어서 먹는다.

38 꿀풀 Prunella vulgaris var. lilacina

꿀풀과의 다년생초

줄기는 각이 진 높이 15~30cm 정도이고 난형 또는 장난형인 잎은 마주 나며 풀 전체에 거친 털이 나 있다. 꽃은 자주색으로 5~7월에 피며 짧은 원추형의 꽃잎을 이삭형으로 줄기 끝에 단다. 여름이 되면 꽃이 갈색으로 변하여 마치 고사한 것처럼 보이기 때문에 하고초(夏枯草)라는 이름이 붙었다.

- 약용 부위 : 뿌리
- 채취 시기 : 8월경
- 분포 : 전국 각지, 일본, 중국, 사할린, 만주
- 생장지 : 야산, 들, 노변, 인가 부근

약효 용법

이뇨, 소염, 소변불금, 간염, 안질, 종기, 젖몸살
1. 하루에 6~12g을 달여서 마신다.
2. 외용약으로 쓸 때는 달인 물로 씻거나 짓찧어 환부에 붙인다.
3. 안약으로 쓸 때는 달인 물을 탈지면으로 걸러서 세척한다.

39 꿩의비름 Sedum erythrostictum

돌나물과의 다년생초

가지를 거의 치지 않고 외대로 올라가는 굵은 줄기와 잎은 모두 흰가루 같은 물질로 덮여 있는 듯이 보인다. 다육질인 잎은 달걀꼴이며 가장자리에 물결치는 듯한 굵은 톱니가 있다. 8~9월에 별모양의 흰색 꽃이 여러 송이 모여서 우산모양으로 핀다.

- 약용 부위 : 근경
- 채취 시기 : 가을
- 분포 : 전국
- 생장지 : 야산의 양지 바른 곳

약효 용법

감기, 류머티즘, 요통
1. 1일 10~15g을 달여서 복용한다.
2. 종기 ··· 생잎을 짓찧어서 붙인다.

40 나팔꽃 Pharbitis nil

메꽃과의 일년생초

덩굴을 타고 올라가 여름 아침에 파란 꽃, 혹은 붉은 나팔모양의 아름다운 꽃을 피는 나팔꽃은 관상용으로 많이 심고 있다. 덤불은 2m 이상 뻗으며 흡반이 없고 다른 물체에 감아 올라간다. 잎은 심장형이고 보통 3개로 갈라지고 끝이 뾰족하다.

- 약용 부위 : 종자
- 채취 시기 : 초가을
- 분포 : 전국
- 생장지 : 울타리 가

약효 용법

설사
- 1회에 2~4g을 달여서 복용 또는 0.2~0.5g을 가루로 만들어서 공복에 복용한다.

41 냉이 | Capsella bursa-pastoris

겨잣과의 이년생초

생명력이 왕성하여 어디서라도 자라는 것을
볼 수 있다. 줄기는 곧게 서서 가지를 많이
치고, 작고 흰 꽃이 피며 꽃이 진 다음에는
삼각형모양의 열매를 맺는다.

- 약용 부위 : 풀 전체
- 채취 시기 : 봄, 여름
- 분포 : 전 세계에 분포
- 생장지 : 산과 들 강가

약효 용법

비장과 위허, 당뇨병, 소변간삽, 월경 과다, 산후 출혈, 간장 질환
1. 1회 4~8g을 달여서 마신다.
2. 안질에는 달인 물을 걸러서 씻는다.
3. 봄에는 나물로 국을 끓여 먹는다.

42 녹나무 Cinnamomum camphora

녹나뭇과의 상록성 교목

높이 20m까지 자라는 큰 나무도 많으며 잔가지는 황록색이고 윤기가 감돈다. 어린잎은 붉은빛을 띠우며 5~6월에 6장의 꽃잎이 있는 작은 꽃이 많이 핀다.

- 약용 부위 : 목질부
- 채취 시기 : 겨울
- 분포 : 제주도, 남해안
  일부 지방
- 생장지 : 양지바른
  산기슭

약효 용법

신경통, 통풍, 치통, 복통, 기타 가려움증
1. 1회에 4~8g을 달여서 복용한다.
2. 외용약으로는 달인 물을 환부에 바른다.

43 누리장나무 Clerodendron trichotomum

마편초과의 낙엽 활엽 관목

키가 작은 낙엽 활엽수로서 줄기는 여러 갈래로 갈라지며 옆으로 넓게 퍼진다. 잎은 마디마다 2장씩 나고 달걀꼴이며 끝이 뾰족하며 길이는 10~20cm 정도이다. 잎에서는 고약한 냄새가 난다. 꽃은 작고 흰색인데 5장의 좁은 꽃잎이 활짝 피며 여러 송이가 뭉쳐서 핀다. 열매는 남빛으로 익는다.

- 약용 부위 : 잎, 줄기
- 채취 시기 : 가을
- 분포 : 남한 일대
- 생장지 : 양지바른 산비탈

약효 용법

고혈압, 중풍, 각종 마비
1. 말린 약재를 1회에 4~6g 달여서 복용한다.
2. 어린잎을 나물로 먹는다.

44 눈빛승마 Cimicifuga davurica

미나리아재빗과의 다년생초

산이나 들에 자생하는 키가 큰 다년생초
이며 초장 2m에 달하는 것도 있다. 세모
꼴인 잎도 크고, 깃털모양을 하고 있는데
두 번 갈라졌으며 끝은 뾰족하고 가늘고
날카롭게 파여 있다. 8월에 피는 꽃은 원
뿔모양으로 많이 모여서 피며 흰색이고

- 약용 부위 : 근경
- 채취 시기 : 봄, 여름
- 분포 : 남해안을 제외한 전국
- 생장지 : 깊은 산의 숲
  가장자리

암꽃과 수꽃이 각각 다른 그루에서 핀다. 멀리서 보면 마치 눈이 나무
위에 쌓인 듯이 보인다고 해서 눈빛승마라는 이름이 붙었다.

약효 용법

감기, 두통, 오한
1. 말린 약재를 1회에 1~4g 달여서 복용한다.
2. 종기 … 가루를 기름에 개서 환부에 붙인다.
3. 어린순을 삶아서 나물로 먹는다.

45 능소화 Campsis grandiflora

능소화과의 낙엽 덩굴나무

덩굴이 10m에 이르는 중국 원산인 나무이
며 가지에는 많은 흡반이 있어 벽이나 나무
에 잘 붙어 올라간다. 마디마다 2장의 잎이
마주 나며 가지 끝에 자란 긴 꽃대에 마치 나
팔꽃과 모양이 흡사한 5~10송이의 주황색
꽃이 여름에 핀다.

- 약용 부위 : 꽃
- 채취 시기 : 여름
- 분포 : 중남부 지방
- 생장지 : 사찰, 정원,
  인가 부근

약효 용법

월경 불순, 무월경, 산후 출혈, 주부코
1. 1회 2~3g을 달여서 복용한다.
2. 타박상, 주부코 … 달인 물로 찜질을 한다.

46 달래 Allium monanthum

백합과의 다년생초

마늘과 흡사한 냄새와 매운맛을 내는 봄나
물로서 많은 사랑을 받는 달래는, 요사이 그
수요가 야생만으로는 모자라서 밭에서 재배
하는 곳도 많다. 잎은 2~3장이 알뿌리에서
직접 자라고 길이 10~15cm에 달한다. 봄철
에 잎 사이로 잎보다 짧은 꽃대가 나와 그 끝
에 10송이 정도의 흰 꽃이 핀다. 열매는 둥
글고 검은색이다.

- 약용 부위 : 알뿌리
- 채취 시기 : 봄
- 분포 : 전국
- 생장지 : 양지바른 들판

약효 용법

보혈, 신경 안정, 살균, 벌레 물린 데
1. 불면증 … 잎을 1회에 10~20g 달여서 복용한다.
2. 벌레 물린 데 … 알뿌리를 으깨서 그 즙을 붙인다.

47 닭의장풀 Commelina communis

닭의장풀과의 일년생초

아무데서나 흔하게 발견되는 일년생초이며 줄기는 땅에 누운 듯이 자라다가 점점 일어선다. 굵은 마디마다 대나무 잎과 비슷한 잎이 어긋나게 나며 잎자루는 없고 밑둥치를 감싸며 몸체가 연하다. 6~9월경 녹색의 포에서 2장의 꽃잎을 가진 커다란 청색 꽃이 피는데, 꽃은 당일에 시들고 만다.

- 약용 부위 : 풀 전체
- 채취 시기 : 개화 시
- 분포 : 전국
- 생장지 : 길가, 밭둑, 개울가, 풀밭

약효 용법

해열, 설사, 이뇨
1. 말린 약재를 1회에 4~6g 달여서 복용 또는 생즙을 내어서 먹기도 한다.
2. 종기 … 생풀을 짓찧어서 붙인다.
3. 봄에 어린순을 나물로 먹으면 맛이 아주 좋다.

48 담배 Nicotiana tabacum

가짓과의 일년생초

미국 원산이며 유사 이전부터 마야족이 피 웠다고 한다. 여름에 줄기 끝에 담황색 꽃이 피나 잎을 채취할 목적으로 재배함으로 꽃 은 모두 따 버린다.

- 약용 부위 : 시판하는 담배의 꽁초
- 채취 시기 : 필요 시
- 분포 : 전국
- 생장지 : 밭에서 재배

약효 용법

요충, 티눈
1. 요충 … 우려낸 물로 항문 주위를 씻는다.
2. 티눈 … 우려낸 물과 밥알을 함께 개서 환부에 붙인다.

49 당귀 Angelia gigas

미나릿과의 다년생초

높이 40~90cm로 키가 큰 풀이며 여름철 줄기 끝에 작은 흰 꽃이 많이 모여 마치 우산을 편 듯한 화서로 꽃을 피운다. 잎은 복엽이고 엽면의 녹색은 아주 진하며 광택이 있다. 풀 전체에 짙은 향기가 나며 낙화 후 결실도 잘 된다.

- 약용 부위 : 뿌리
- 채취 시기 : 늦가을
- 분포 : 전국
- 생장지 : 야산의 숲속

약효 용법

두통, 현기증, 월경 불순
- 당귀작약산을 지어서 복용한다.

50 대청 Isatis tinctoria var. yezoensis

겨잣과의 이년생초

초장은 높이 70cm 정도이고, 초여름이 되
면 줄기 끝에 노란 꽃이 총상 차례로 피는
데 작은 꽃대는 가늘고 약해서 다소 처진다.

- 약용 부위 : 잎, 뿌리
- 채취 시기 : 가을
- 분포 : 중부이북 지방
- 생장지 : 바닷가 풀밭

약효 용법

기생성 피부염
- 종자 5~10g을 달여서 환부에 바른다.

51 대추 Zizyphus jujuba var. inermis

갈매나뭇과의 낙엽 활엽수

높이 10m 내외로 자라는 낙엽수이며 잔가지에는 날카로운 가시가 많이 나 있고 목질이 단단하다. 잎은 긴 타원형이며 표면에 광택이 있고 뒷면에 잎맥이 뚜렷하다. 꽃은 잎겨드랑이에 2~3송이씩 모여서 피는데 연초록색이다. 가을에 익는 열매는 핵과이고 약간 길쭉하며 붉게 익는다.

- 약용 부위 : 과실
- 채취 시기 : 가을
- 분포 : 전국
- 생장지 : 양지바르고
  돌이 많은 산

약효 용법

자양, 강장, 진통
1. 대추주 … 강장, 자양에 좋다.
2. 많은 다른 한약재와 혼용해서 쓰인다.
3. 대추차를 끓여서 마시고 기타 떡, 찰밥 등에 놓아 먹고 생과로도 먹는다.

52 댑싸리 kochia scoparia

명아줏과의 일년생초

줄기는 1m 전후로 자라며 잔가지가 많이 생겨서 풀 전체가 원뿔형을 이루며 풍성하다. 7~8월경 잎겨드랑이에 작은 담록색 꽃이 피고 종자는 지름 2mm 정도인 둥근 과실 속에 한 개씩 들어 있다. 나무는 가을에 베어 댑싸리비를 만드는 데 쓴다.

- 약용 부위 : 종자
- 채취 시기 : 가을
- 분포 : 전국 각지
- 생장지 : 양지바르고 배수가 잘 되는 곳

약효 용법

강장, 이뇨, 부스럼
1. 말린 약재를 1회에 2~6g 정도를 달여서 복용한다.
2. 옴이나 기타 피부병에는 달인 물로 환부를 씻는다.
3. 어린잎을 나물로 먹는다.

53 댕댕이덩굴 Coculus trilobus

댕댕이덩굴과의 소관목

덩굴이 길게 뻗어 나감으로 마치 풀과 같이
보이는 나무인데, 연하고 가는 덩굴은 3m
이상 뻗는 것도 있다. 잎은 넓은 달걀형이며
덩굴과 잎에는 모두 잔털이 나 있다. 암꽃과
수꽃은 각각 다른 그루에 피는데 모두 잎겨
드랑이에서부터 자란 짧은 꽃대에 모여서
핀다. 꽃은 6장의 꽃잎이 있으며 지름 3mm

• 약용 부위 : 목질부,
　　　　　 뿌리, 과실
• 채취 시기 : 가을
• 분포 : 전국
• 생장지 : 들판, 숲 가장
　　　　　 자리

안팎으로 아주 작고 연노란색이다. 열매는 둥글고 살이 많으며 검게 익
는데 흰 가루를 덮어쓰고 있다.

약효 용법

이뇨, 진통, 해열, 감기
1. 1회에 2~4g을 달여서 복용한다.　 2. 초봄에 어린순을 나물로 먹는다.

54 더덕 Codonopsis lanceolata

초롱꽃과의 다년생초

덩굴을 뻗으며 자라는 식물인데 잎은 윤생
엽으로 달걀형이다. 꽃은 종과 같이 생겼으
며 흰색 바탕에 꽃잎 끝은 자주색이다. 더덕
이 있는 가까이에는 독특한 냄새가 나며 잎
이나 줄기를 꺾으면 우유 같은 흰 즙이 나오
고 냄새가 더욱 진하다.

- 약용 부위 : **뿌리**
- 채취 시기 : **초가을**
- 분포 : **전국**
- 생장지 : **산속의 숲**

약효 용법

기침, 거담, 인후염
1. 말린 약재를 1회에 4~10g 달여서 먹는다.
2. 뿌리를 두드려 납작하게 만든 다음 고추장을 발라 구어서 먹는다.

55 덩굴광대수염 Glechoma hederacea var. grandi

광대나물과의 다년생초

4~5월경 입술모양의 보랏빛 꽃이 피고 잎
은 둥근 편이며 서로 마주 난다. 꽃이 지면
꽃대는 덩굴처럼 길게 자라나서 땅 위를 기
어가며 멀리 뻗어간다. 잎과 줄기에는 향기
가 있다.

- 약용 부위 : 풀 전체
- 채취 시기 : 봄
- 분포 : 제주도 남해안
  일부 지방
- 생장지 : 들판의 풀밭

약효 용법

감기, 폐렴, 신장염, 당뇨병, 아기의 허약 체질
1. 1일 15g을 달여서 3회에 나누어 복용한다.
2. 아기는 1일 5g을 달여서 먹는다.

56 도꼬마리 Xanthium strumarium

국화과의 일년생초

온몸에 빳빳한 털이 나 있는 일년생 잡초로 높이 1m 가량으로 자란다. 연한 갈색의 긴 잎대에 세모꼴인 넓은 잎은 가장자리가 2~3번 얕게 갈라졌다. 이 풀의 특색은 크기 약 1cm에 달하는 열매에 있는데 온몸에 많은 가시가 나 있어서 옆을 지나면 옷에 붙어 멀리까지 운반된다. 중국에서는 채유용으로 밭에서 재배를 한다고 한다.

- 약용 부위 : 과실
- 채취 시기 : 가을
- 분포 : 전국
- 생장지 : 길가, 황무지

약효 용법

해열, 두통, 동맥경화 예방
1. 1회에 2~4g을 달여서 복용한다.
2. 두드러기, 마른버짐 … 달인 물로 환부를 씻는다.

57 도라지 Platycodon grandiflorum

초롱꽃과의 다년생초

잎은 어긋나고 잎자루가 거의 없고 끝이 뾰
족한 긴 달걀형 또는 긴 타원형이며 가장자
리에 날카로운 톱니가 나 있다. 꽃은 짙은
보랏빛 혹은 흰색으로 7~8월에 피는데, 모
양이 종과 같이 생겼으며 끝이 5갈래로 갈
라져 있다.

- 약용 부위 : 뿌리
- 채취 시기 : 여름
- 분포 : 전국
- 생장지 : 야산, 들판

약효 용법

가래가 끓는 기침, 편두통
- 1일 약재 2g과 감초 3g을 달여서 마신다.

58 돌외 Gynostemma pentaphyllum

박과의 다년생 덩굴초본

덩굴은 주로 땅 위를 기어가면서 번식하나 더러는 덩굴손을 내어 다른 물체에 감아 기어 올라가며 서식한다. 잎은 엷고 보통 3~5장의 부엽이 있다. 잎 양면에는 희고 짧은 털이 나 있다. 황록색 꽃은 8~9월에 피고 열매는 검게 익는데 작은 구슬모양이다.

- 약용 부위 : 풀 전체
- 채취 시기 : 여름
- 분포 : 전국
- 생장지 : 산의 바위 밑, 나무 밑

약효 용법

감기, 두통, 백일해, 소아 경풍
1. 1회에 3~5g을 달여서 복용한다.
2. 종기 … 생풀을 짓찧어서 붙인다.

59 동백나무 Camellia japonica

차나뭇과의 상록 활엽수

상록의 잎은 두터우며 광택이 나고, 크게 자
라면 6m 이상이 되는 것도 있다. 이른봄에
피는 붉은 꽃은 아름다워 중부이북 지방에
서 관상용으로 분에서도 많이 기르고 있다.

- 약용 부위 : 꽃
- 채취 시기 : 봄 개화 직전
- 분포 : 제주도, 울릉도,
  남해안
- 생장지 : 해변가 상록
  수림

약효 용법

지혈, 부스럼, 강장
1. 1회에 2~4g을 달여서 복용한다.
2. 씨에서 짠 기름을 식용으로 한다.

60 두릅나무 Araliaceae

두릅나뭇과의 낙엽 관목

봄에 먹는 두릅나물은 이 나무의 어린순이
다. 나무 전체에 날카로운 가시가 나 있고,
수고 3~4m에 달하며 8~9월에 작은 흰 꽃
이 피며 가을에는 검고 작은 열매를 맺는다.

- 약용 부위 : 근피, 목피
- 채취 시기 : 가을
- 분포 : 전국 전역
- 생장지 : 산기슭 양지,
  골짜기

약효 용법

당뇨병, 발기 부전
1. 1회에 말린 약재 5~10g씩 달여서 복용한다.
2. 어린순을 살짝 데쳐서 초고추장에 찍어 먹는다. 약간 자란 것은 나물로 무
   쳐 먹는다.

61 둥굴레 Polygonatum odoratum var. pluriflorum

백합과의 다년생초

줄기는 50~90cm 정도로 곧게 선다. 잎은
장타원형이고 끝이 뾰족하며 두 줄로 어긋
나고 뒷면에 유리 조각 같은 돌기가 있다.
꽃은 길이 2~2.5cm로 액생하며 2~3개씩
한 화경에 붙어 있다.

- 약용 부위 : 근경
- 채취 시기 : 5~6월,
  10월
- 분포 : 중부 지방, 거제도,
  전남 백양산
- 생장지 : 산과 들

약효 용법

1. 자양, 강장 … 술을 담궈 복용한다.
2. 강장제 … 1일 3회, 4~12g을 달여서 나눠 복용한다.

62 들깨 Perilla frutescens var. japonica

꿀풀과의 일년생초

모가진 줄기는 1~1.5m에 이르고 많은 가지를 친다. 줄기와 잎에는 들깨 특유의 냄새가 진하게 난다. 잎은 긴 잎자루 끝에 달리며 달걀형이고 가장자리에 규칙적인 톱니가 있으며 부드럽다. 흰 꽃은 8~9월에 이삭모양으로 피며 씨는 지름이 약 2mm 정도로 기름을 짠다.

- 약용 부위 : 잎
- 채취 시기 : 여름, 가을
- 분포 : 전국
- 생장지 : 양지바른 곳

약효 용법

고혈압, 기침, 거담, 변비, 건위
- 신선한 잎을 다른 채소와 함께 고기와 생선회 등 쌈을 싸서 먹는다.

63 등 Wistaria floribunda

콩과의 낙엽 덩굴나무

콩과의 낙엽 덩굴나무 꽃은 5월에 피며, 길
이 30~40cm의 총상 화서의 보랏빛 나비모
양이고 향기가 높다. 잎은 깃털모양이며 한
잎에 작은 잎이 13~19개 정도 달려 있으며,
초가을에 콩깍지와 비슷한 열매를 맺는다.

- 약용 부위 : 종자,
  등나무혹
- 채취 시기 : 7~8월
- 분포 : 전국
- 생장지 : 인가 부근,
  공원

약효 용법

1. 설사 … 1회에 종자 1~3g을 달여서 복용한다.
2. 위암 … 등나무혹 분말을 1일 10g 3회로 나누어 복용한다.

64 딱지꽃 Potentilla chinensis

장미과의 다년생초

땅속에 굵은 뿌리가 깊게 자라고 거기서 여러 개의 줄기가 돋아나며 높이는 약 30cm 정도에 이른다. 뿌리에서 난 잎은 깃털형이며 깊게 갈라진다. 소엽은 7~14쌍이며 표면에는 털이 없고 광택이 나지만 뒷면에는 흰털이 많이 나 있다. 꽃은 봄에 피고 줄기 끝에 여러 송이 모여 피며 5매의 노란 꽃잎이 있다.

- 약용 부위 : 풀 전체
- 채취 시기 : 가을
- 분포 : 전국 각지
- 생장지 : 양지바른 풀밭

약효 용법

근골 통증, 폐결핵, 자궁 내막염, 설사, 이질
1. 말린 약재를 1회에 7~12g 달여서 복용한다.
2. 마른버짐, 종기 … 생풀을 짓찧어서 붙인다.

65 딱총나무 Sambucus willamsii var. coreana

인동과의 낙엽 활엽수

키가 작은 낙엽 활엽수로서 야산에 자생하
며 정원에도 심는다. 5월경에 햇가지 끝에
희고 작은 꽃이 원뿌리형으로 많이 모여서
핀다. 꽃은 아침에 피었다가 당일에 지는데
꽃이 피었다가 시들어 가는 것을 잘 볼 수
있어서 정원수로 애용한다. 과실은 작은 구
슬형인데 여름에 붉게 익는다. 잎은 가지의
마디마다 2장씩 나며 가장자리에 규칙적인 톱니가 있다.

- 약용 부위 : 꽃, 잎
- 채취 시기 : 꽃 … 여름,
  잎 … 여름
- 분포 : 전국
- 생장지 : 산골짜기

약효 용법

발한, 이뇨, 진통, 거풍, 소염
1. 말린 약재를 1회에 4~6g 달여서 복용한다.
2. 어린순을 나물로 먹는다.

66 딸기 Fragaria

장미과의 덩굴성 다년생초

봄에 산뜻한 맛을 내는 딸기는 석기 시대에 이미 사람들이 따먹었다고 하는 오래된 역사를 지닌 과실이다. 이른봄 흰 꽃이 지면 꽃받침이 길게 자라고 그 끝에 탐스러운 과실이 열린다.

- 약용 부위 : 과실
- 채취 시기 : 봄
- 분포 : 전국
- 생장지 : 햇볕이 잘 들어오는 양지

약효 용법

자양, 강장
1. 생과로 그냥 먹는다.
2. 딸기주를 담궈서 먹는다.

67 땃두릅나무(땅두릅) Oplopanax elatum

두릅나뭇과의 낙엽 활엽 관목

키가 큰 풀이며 높이 2m에 이르는 것도 있다. 습기가 많은 산간에 자생하며 대 속은 비어 있고 원통형이다. 잎과 줄기 상단에는 잔털이 있어서 몸에 붙는다. 7~8월경에 가지 끝에 작은 꽃이 많이 뭉쳐서 핀다. 꽃이 지고 나면 물기가 많은 검은색 열매가 열린다.

- 약용 부위 : **뿌리**
- 채취 시기 : **가을**
- 분포 : **전국에 분포**
- 생장지 : **산의 음지**

약효 용법

발한, 두통, 해열, 진통
1. 말린 약재를 1회에 1~2g 달여서 복용한다.
2. 어린순은 국을 끓이거나 나물로 무쳐 먹는다.

68 떡쑥(괴쑥, 솜쑥) Gnaphalium affine

국화과의 이년생초

봄에서 여름 사이에 노랗고 작은 두상화가
핀다. 잎은 가느다랗고 서로 어긋나게 자리
잡으며 잎자루는 없다. 어디서나 흔히 볼 수
있는 풀이다.

- 약용 부위 : 풀 전체
- 채취 시기 : 개화기
- 분포 : 전국
- 생장지 : 풀밭

약효 용법

기침, 가래, 거담
1. 10g을 달여서 복용한다.
2. 어린순은 나물로 먹고, 쑥처럼 떡에 넣어서 먹기도 한다

69 띠(삐띠) Imperata cylindrica var. koenigii

벗과의 다년생초

벼 잎과 같은 생김새의 좁고 긴 잎이 서로 겹치면서 30~60cm로 길게 자라며 4월경 줄기 끝에서 길이 10cm 가량의 이삭이 자라난다.

- 약용 부위 : 뿌리와 줄기, 이삭
- 채취 시기 : 뿌리줄기 … 봄, 가을, 이삭 … 피기 직전
- 분포 : 전국 전역
- 생장지 : 양지바른 산, 들, 노변

약효 용법

열병으로 인한 갈증, 천식, 신장염, 이뇨(뿌리)
1. 1회에 뿌리 3~5g을 달여서 먹거나 가루로 만들어 복용한다. 토혈, 코피 나는 데, 혈뇨, 혈변(이삭)에 사용한다.
2. 1회에 3~7g을 달여서 마신다.
3. 외상에는 짓찧어 붙이고, 코피에는 찧어서 코를 막는다.

70 마 Dioscorea batatas

맛과의 다년생초

근경은 곤봉모양으로 길이 1m에 이르며 다육질이다. 줄기는 가늘고 길며 가지가 드문드문 난다. 잎은 심장형이고 표면에 확실한 골이 5~7개 보인다. 꽃은 6~7월에 피고 흰색이며 이삭모양으로 많이 뭉쳐서 핀다.

- 약용 부위 : 뿌리
- 채취 시기 : 가을
- 분포 : 전국 각지
- 생장지 : 야산, 영리를 위해 밭에서 재배

약효 용법
자양, 강장
- 술을 담가 조금씩 마신다.

71 마가목 Sorbus commixta

장미과의 낙엽 활엽 교목

높이 약 10m 정도이며 수피는 짙은 흑갈색
혹은 회색이다. 잎은 깃털모양이고 소엽은
9~15장 정도 붙어 있는데 모두 작은 피침
형이다. 흰색 꽃은 6~7월에 가지 끝에 이삭
모양으로 모여서 피며 꽃잎은 5장이다. 과
실은 가을에 붉게 익는다.

• 약용 부위 : 수피
• 채취 시기 : 필요 시
• 분포 : 전국
• 생장지 : 깊은 산속

약효 용법
옴, 땀띠
1. 1회용 약 10g을 달인 물로 환부를 씻는다.
2. 과실로는 술을 담근다(설사, 방광염에 효과가 있음).

72 마늘 Allium sativum

백합과의 다년생초

우리나라 사람들이 즐겨 먹는 양념의 대표
적 채소이며, 그 수요가 늘 모자라서 외국에
서도 들여오는 실정이다. 잎은 가늘고 길며
땅속에 굵은 비늘줄기가 있는데 우리가 먹
는 바로 그것이다. 풀 전체에서 특유한 냄새
가 나며 맵다.

- 약용 부위 : 비늘줄기
- 채취 시기 : 초가을
- 분포 : 전국
- 생장지 : 밭에서 재배

약효 용법

건위, 소화, 정장, 발한, 냉증, 거담
1. 양념으로 먹는 것 외에 장아찌, 고기와 함께 구어서 먹는다.
2. 마늘주를 담가서 조금씩 먹는다.

73 마디풀 Polygonum aviculare

마디풀과의 일년생초

줄기는 많은 가지를 치면서 위와 옆으로 많이 퍼지면서 자란다. 마디마다 마주 나는 잎은 무딘 피침꼴이다. 6~7월경에 분홍색 꽃이 잎겨드랑이에서 피는데 좁쌀만큼이나 작다.

- 약용 부위 : 풀 전체
- 채취 시기 : 여름
- 분포 : 전국에 널리 분포
- 생장지 : 풀밭, 길가

약효 용법

이뇨, 황달, 해열, 복통
1. 말린 약재를 1회에 4~6g 달여서 복용한다.
2. 이른봄에 어린순을 나물로 먹는다.

74 마름 Trapa japonica

마름과의 일년생초

물에 떠서 사는 풀이며 땅속에 뿌리를 박고, 거기서 기다란 줄기를 뻗어 수면에 방사선으로 많은 잎을 발생한다. 수면에 뜬 잎자루 기부에는 불룩한 공기주머니가 발달하여 부래의 역할을 함으로 물에 잘 떠서 살 수 있다. 꽃은 잎겨드랑이에서 자라며 흰색이고 열매가 익으면 검은색이며 커다란 가시가 2~3개 나 있는 특이한 모양이다.

- 약용 부위 : 과실
- 채취 시기 : 가을
- 분포 : 전국
- 생장지 : 늪, 저수지, 물 웅덩이

약효 용법

자양, 강장, 소화 촉진

1. 껍질을 벗겨 날로 먹거나 삶아서 먹는다(과식하면 도리어 양기를 저하시키므로 주의를 하여야 한다).
2. 씨를 쪄서 가루로 만들어 죽이나 떡을 만들어서 먹는다.

75 마삭줄 Trachelospermum asiaticum var. intermedium

협죽도과의 상록 덩굴나무

줄기의 아무 곳에서 뿌리가 잘 내려 다른 식
물에 잘 기어올라 높이 올라간다. 잎은 광택
이 있고 마주 나며 6~7월이 되면 가지 끝에
향기가 진한 흰색 작은 꽃이 핀다.

- 약용 부위 : 줄기, 잎
- 채취 시기 : 7~8월
- 분포 : 중남부 지방,
  제주도
- 생장지 : 바위가 있는 산

약효 용법

감기로 인한 발열, 인파선염, 관절염, 해열 작용
- 말린 약재를 1일 6~12g을 달여서 3회에 나누어 마신다.

76 마타리 Patrinia scabiosaefolia

마타릿과의 다년생초

줄기는 곧게 서고 키는 1~1.5m에 이르는
것도 있다. 줄기에 자라는 잎은 마디마다 2
장씩 마주 나고 깃털모양이며 깊게 갈라진
다. 8~9월에 줄기 끝에 종모양의 작고 노
란 꽃이 우산 모양으로 많이 모여서 핀다.

- 약용 부위 : **뿌리**
- 채취 시기 : **가을**
- 분포 : **전국**
- 생장지 : **산과 들의**
  양지쪽

약효 용법

이뇨, 해독, 간염, 위장염, 산후 복통
1. 말린 약재를 1회에 4~6g 달여서 복용한다.
2. 어린순을 나물로 먹는다.

77 말리초 Verbena officinalis

마편초과의 다년생초

높이 30~60cm에 달하는 풀로서 원줄기는
사각형이며 전체에 잔털이 나 있다. 잎은 마
주 나고 3개로 갈라지며 옆으로 다시 깃처
럼 갈라지고 표면에 주름이 있다. 꽃은 7~8
월에 피고 자줏빛이며 수상 화서에 달린다.
꽃모양은 통모양인데, 통부는 한쪽으로 기
울면서 끝이 5개로 갈라진다.

- 약용 부위 : 지상부인
  잎과 줄기
- 채취 시기 : 초가을
- 분포 : 남쪽 지방
- 생장지 : 해안 지대의
  들판

약효 용법

통경, 생선에 체했을 때
1. 1일 6~10g을 달여서 3회에 복용한다.
2. 피부염, 종기 … 10~20g을 400cc의 물로 물의 양이 반 정도될 때까지 달
   여 환부를 씻는다.

78 매실나무(매화나무) Prunus mume

장미과의 낙엽 소교목

연한 녹색의 꽃은 중부 지방에서 4월에 잎
보다 먼저 피는데 향기가 강하여 관상용으
로 정원에 많이 심어왔다. 핵과는 7월에 황
색으로 익으며 지름 2~3cm 정도로써 표
면에 가는 털이 많이 나고 맛이 아주 시다.
매실주는 열매가 완전히 익기 전에 따서 담
근다.

• 약용 부위 : 열매
• 채취 시기 : 6월경
　　　　　　　미숙과
• 분포 : 중부이남 지방
• 생장지 : 따뜻하고 양지
　　　　　바른 곳

약효 용법

오랜 설사, 이질, 기침, 강장 등
1. 하루 3~6g을 달여서 먹는다.
2. 말린 과실을 불에 구워 뜨거울 때 더운 물 속에 넣어 우려내어 마신다.
3. 매실주를 담궈 하루 30cc 정도 마시면 피로 회복, 건강 유지에 좋다.

79 매자기 Scripus fluviatilis

방동사닛과의 다년생초

각지의 연못이나 저습지에 자생하는 다년생
잡초이며, 지하에 긴 근경이 잘 발달하여 가
로로 뻗으며 끝부분에 뿌리혹이 있다. 줄기
는 세 모 기둥으로 모가 나고 곧게 서며 높
이 1.5m에 이른 것도 있다. 잎은 서로 어긋
나고 좁고 길며 날카롭다. 잎 아랫부분은 원
통모양으로 생겨 줄기를 감싸고 있다. 7~8
월경 줄기 끝에 녹갈색의 꽃이 핀다.

- 약용 부위 : 뿌리혹
- 채취 시기 : 가을
- 분포 : 전국
- 생장지 : 저습지, 연못

약효 용법

통경, 최유, 건위
1. 통경, 건위 … 1일 5~10g을 달여서 3회에 복용한다.
2. 최유 … 달인 물로 뜨겁지 않게 찜질을 한다.

80 맥문동 Liriope platyphylla

백합과의 다년생초

난초 잎과 흡사한 나비 1cm, 길이 30cm의 긴 잎이 뿌리에서부터 직접 자라난다. 5~6월이 되면 긴 꽃대가 자라서 그 끝에 이삭모양으로, 작은 보랏빛 꽃들이 많이 피어난다. 처음 보는 이는 난초라고 속는 수도 있다.

- 약용 부위 : 뿌리와 혹
- 채취 시기 : 봄, 여름
- 분포 : 제주도, 울릉도, 중부 지방
- 생장지 : 그늘진 산속의 숲, 습기가 많은 곳

약효 용법

자양, 강장, 기침, 당뇨
1. 자양, 강장 … 5~10g을 꿀과 함께 달여 먹는다.
2. 기침 … 1회에 2~5g을 달여서 먹는다.

81 맨드라미 Celosia cristata

비름과의 일년생초

키가 1m에 달하고 곧게 자라며 줄기는 굵고 붉은빛을 띠며 가지를 잘 치지 않는다. 잎은 어긋나고 피침형이며 크고 부드럽다. 꽃은 붉은색이 가장 많으며 끝이 닭 볏처럼 생겼다. 관상용으로 많이 심고 있으며 잎은 증편에 색을 낼 때 쓰인다.

- 약용 부위 : 꽃, 종자
- 채취 시기 : 가을
- 분포 : 전국
- 생장지 : 관상용으로 재배

약효 용법

자궁 출혈, 지혈, 토혈
- 1회에 3~5g을 달여서 복용한다.

82 머귀나무 Zanthoxylum ailanthoides

운향과의 낙엽 활엽 교목

야산의 양지쪽에 많이 자생하며 가지에는 가시가 많이 돋아 있다. 여름, 황록색의 작은 꽃이 우산모양으로 핀다. 자웅 이주이며 열매는 암나무에만 달리는데 산초와 비슷하게 생겼으며 가을에 익으면 검은 종자가 삐져나온다.

- 약용 부위 : 과실
- 채취 시기 : 가을
- 분포 : 경상도, 전라도 남북 지방과 제주도
- 생장지 : 바닷가, 야산

약효 용법

권위, 더위 먹은 데
- 1회에 말린 약재를 2~5g 달여서 복용한다.

83 머위 Petasites japonicus

국화과의 다년생초

이른봄 지하경으로부터 긴 잎자루가 달린 호박 잎 같은 넓은 잎이 무더기로 나며, 꽃은 황색으로 9~10월에 피고 방상 화서로 지름이 5~10cm에 달한다.

- 약용 부위 : 꽃, 꽃대
- 채취 시기 : 초가을
- 분포 : 중부이남 지방
- 생장지 : 그늘지고
          습기가 많은 곳

약효 용법

발한, 구풍, 소염
- 기침 … 1일 10~20g을 달여서 3회에 복용한다.

84 메밀 Fagopyrum esculentum

마디풀과의 일년생초

대의 줄기는 많은 가지를 치면서 높이 50
~70cm 정도로 자라며 연하다. 잎은 끝이
뾰족한 하트형인데 아래쪽에 잎은 긴 잎자
루에 달려 있으나 위쪽의 잎은 잎자루가 없
고 가지를 감싸듯 가지에 붙어 있다. 꽃은
가지 끝과 가지 끝 가까운 곳에 있는 잎겨드
랑이에 자란 꽃대 위에 여러 송이 뭉쳐서 피

- 약용 부위 : 종자, 잎과
  줄기
- 채취 시기 : 가을 수확기
- 분포 : 전국
- 생장지 : 밭에서 재배

는데 색은 흰색이고 꿀이 많아서 양봉가들에게는 좋은 밀원이 된다.

약효 용법
동맥 경화 방지, 자양, 강장
1. 마른 약재를 가루로 만들어 한 숟갈씩 복용한다.
2. 타박상 … 소금을 조금 가하고 물로 개서 환부에 붙인다.

85 명아주 Chenopodium album var. centrorubrum

명아줏과의 일년생초

아무데서나 흔히 볼 수 있는 잡초로서 봄에
어린잎은 홍자색으로 물이 들고 가루와 같
은 것에 덮여 있는 것이 특색이다. 줄기는
곧게 서고 사람의 키보다도 더 큰 것이 있으
므로 옛날 사람들은 이것을 베어 지팡이를
만들기도 했다. 어린잎은 돼지가 잘 먹으므
로 사료로도 이용한다.

• 약용 부위 : 잎
• 채취 시기 : 봄에서
　　　　　　가을까지
• 분포 : 전국
• 생장지 : 아무데서나
　　　　자라고 기름진 땅

약효 용법

건위, 강장, 해열, 해독
1. 말린 약재를 7~10g 달여서 3회에 나누어 복용한다.
2. 어린순을 나물로 먹는다.

86 모과(木果) Chaenomeles sinensis

장미과의 낙엽 활엽수

높이 자라는 키가 큰 나무이며 관상용으로도 많이 심는 나무이다. 줄기에 묶은 껍질은 봄에 들떠 일어나 허물을 벗고 얼룩무늬를 이루는데, 보기가 참 좋다. 5월에 붉은 꽃이 가지 끝에 피고, 가을에 참외만한 크기의 못생기고 노란 과실이 열리는데 향기가 매우 진하다.

- 약용 부위 : 과실
- 채취 시기 : 가을
- 분포 : 전국
- 생장지 : 집 주위, 야산

약효 용법

백일해, 천식, 기관지염, 폐렴
1. 말린 약재를 1회에 2~3g 달여서 복용한다.
2. 모과주를 담가서 조금씩 복용한다.

87 모란 Paeonia suffruticosa

작약과의 낙엽 관목

높이 약 1m에 달하는 중국 원산지인 이 꽃
나무는 꽃은 아름다우나 향기가 없는 꽃으
로 널리 알려져 왔다. 개화기는 5월 초이며
꽃 색도 다양하나 주로 적색이 대부분이다.
주로 이 나무의 뿌리껍질을 약으로 쓴다.

- 약용 부위 : 근피, 꽃
- 채취 시기 : 가을
- 분포 : 함북을 제외한
  전국
- 생장지 : 관상용으로
  정원, 영리용으
  로 밭에서 재배

약효 용법

월경 불순, 변비, 진통, 해열, 소염, 치질, 정혈(淨血) 등
- 1일 6~16g을 달여서 따뜻할 때 마신다.
  기타 모란 피에는 방충 효과가 있으므로 장롱 서랍에 넣어두면 벌레가 안
  온다.

88 목련 Magnolia kobus

목련과의 낙엽 활엽수

이른봄, 잎이 피기 전 가지 끝에 연꽃과 같은 큰 꽃이 피며 향기가 매우 높다. 잎은 넓고 크며 끝쪽이 더 넓고 크다.

- 약용 부위 : 꽃망울
- 채취 시기 : 꽃피기 전
- 분포 : 전국
- 생장지 : 산속의 숲

약효 용법

두통, 축농증
1. 1회에 2~4g을 달여서 마신다.
2. 씨와 꽃으로 술을 담궈서 먹으면 축농증에 좋다.

89 무 Raphanus sativus

겨잣과의 이년생초

유럽이 원산이라는 이 채소는 우리나라에 토착화된 지 오래이고 이제 그 품종도 다양하여 우리 식탁에 없어서는 안 될 귀중한 채소 중의 하나이다.

- 약용 부위 : 종자, 잎, 뿌리
- 채취 시기 : 가을
- 분포 : 전국
- 생장지 : 밭에서 재배

약효 용법

건위, 식중독으로 인한 복통, 기침, 신경통
1. 식중독에 종자 10알을 찧어서 마신다.
2. 기침에 무즙을 반 컵 정도 마신다.
3. 냉증, 신경통에 마른 무잎을 우려낸 물로 목욕을 한다.

90 무화과나무 Ficus carica

뽕나뭇과의 낙엽 활엽 관목

지중해 연안 원산인 낙엽수이며 원산지에서는 과수로서 대단위 재배를 하고 있다. 넓고 큰 잎은 긴 잎자루 끝에 달려 있으며 깊게 파여 있고 손바닥모양이다. 가는 줄기나 잎에 상처를 내면 흰 즙이 흘러나온다. 꽃은 피지만 눈에 보이지 않으므로 무화과라는 이름이 생겼다.

- 약용 부위 : 잎
- 채취 시기 : 8월경
- 분포 : 제주도에 야생
- 생장지 : 관상용으로
  온실에서 기름

약효 용법
혈압 강하
1. 말린 잎을 20g을 달여서 하루 3번 복용한다.
2. 과실은 생식한다.

91 무환자나무(無患子) Sapindus mukurossi

무환자나뭇과의 낙엽 활엽 교목

높이 20m 정도에 달하는 낙엽 교목이다. 잎은 깃털모양이며 끝이 날카롭고 피침형인 작은 잎은 한 잎에 5~6쌍 붙어 있다. 꽃은 6월에 가지 끝에 피며 황록색이다. 열매는 가을에 노랗게 익고 속에 종자가 2개 들어 있다.

- 약용 부위 : 과피
- 채취 시기 : 가을
- 분포 : 경북, 경남 등 사찰
- 생장지 : 사찰 가까운 곳

약효 용법

세제
- 과피를 부수어 자루에 넣고 물 속에서 비비면 거품이 일고 세탁이 된다.

92 물레나물 Hypericun ascyron

물레나물과의 다년생초

높이 50~70cm 자라는 야생초이며 잎을 햇빛에 비춰 보면 밝은 반점이 많이 보인다. 꽃은 6~8월에 가지 끝에 황색으로 피는데 그날로 떨어진다. 과실은 달걀형이며 껍질에 작은 골이 있다.

- 약용 부위 : 풀 전체
- 채취 시기 : 7~8월
- 분포 : 전국
- 생장지 : 양지바른 산야

약효 용법

연주창, 타박상
1. 1일 5~10g을 달여서 3회에 나누어 복용한다.
2. 술을 담궈 마셔도 좋다.

93 물푸레나무(秦皮) Fraxinus rhynchophylla

물푸레나뭇과의 낙엽 활엽수

3~4m 정도로 키가 작은 나무이며 깃털모양
인 잎은 마디마다 나서 서로 어긋나며 5~7
장의 작은 소엽이 붙어 있다. 5월에 노란빛
이 감도는 초록색 꽃이 피고 열매는 2~4cm
정도의 가늘고 길쭉하며 날개가 달려 있다.
나무껍질을 벗겨 물에 담그면 물이 푸르게
된다고 물푸레나무라는 이름이 붙었다.

- 약용 부위 : 수피
- 채취 시기 : 봄, 가을
- 분포 : 전국
- 생장지 : 야산, 계곡

약효 용법
류머티즘, 통풍, 기관지염, 설사, 해열
1. 말린 약재를 1회에 2~4g 달이거나 가루로 만들어서 복용한다.
2. 결막염에 5~15g을 달인 물로 눈을 씻는다.

94 미나리 Oenanthe javanica

미나릿과의 다년생초

습기가 많은 산기슭이나 개울가에 널리 자
생하는 미나리는 봄나물로서 무척 사랑받는
풀이다. 땅속에 지하 줄기가 있으며 지하 줄
기가 뻗어가며 번식을 한다. 푸른색 줄기는
30~50cm에 이르며 속이 비어 있다. 잎은
서로 어긋나게 자라며 깃털모양으로 깊게

• 약용 부위 : 풀 전체
• 채취 시기 : 봄, 여름
• 분포 : 전국 각지
• 생장지 : 습지, 물가

갈라져 있다. 꽃대가 자라서 그 끝에 우산모양의 꽃차례를 이루고 작
고 흰 꽃이 많이 핀다. 풀 전체에서 좋은 향기가 난다.

약효 용법

이뇨, 황달, 대하증, 류머티즘
1. 말린 약재를 1회에 10~20g 달여서 먹거나 생즙을 내어서 먹는다.
2. 생채로 버무려 먹을 뿐만 아니라 다양하게 조리해서 먹는다.

95 미역취(一枝黃花) Solidago virga-aurea var. asiatica

국화과의 다년생초

줄기는 거의 가지를 치지 않고 곧게 자라며
높이 30~60cm에 이른다. 줄기에 나는 잎
은 길쭉한 피침꼴로 서로 어긋나며 구불구
불 파도치듯 구부러져 있다. 8~9월이 되
면 줄기의 위쪽 잎겨드랑이마다 4~5송이
의 노란꽃이 핀다.

- 약용 부위 : 풀 전체
- 채취 시기 : 8~10월
- 분포 : 전국
- 생장지 : 들이나 산의
  양지쪽

약효 용법

감기, 두통, 목이 아픈 데
- 말린 약재를 1회에 3~6g 달여서 복용한다.

96 민들레(浦公英) Taraxacum platycarpum

국화과의 다년생초

이른봄, 샛노란 꽃이 피는 민들레는 생명력이 강하여 뿌리를 토막으로 잘라도 다시 살아난다. 꽃이 지고 난 뒤에 흰 털의 긴 씨가 공처럼 둥글게 뭉쳐서 생기는데 이것이 바람에 날려 사방으로 멀리 날아간다.

- 약용 부위 : 뿌리와 모든 부분
- 채취 시기 : 개화기
- 분포 : 전국
- 생장지 : 야산, 들판

약효 용법

해열, 기관지염, 늑막염, 담낭염, 소화불량, 변비
1. 1회 5~10g을 달여 마신다.
2. 어린순을 뿌리째 캐서 물에 우려낸 다음 나물로 먹는다.

97 밀감(蜜柑) Citrus nobilis

운향과의 상록 활엽수

높이 3m 정도 자라는 작은 나무이며 잎은
달걀꼴이고 초여름에 흰 꽃이 총상 꽃차례
로 핀다. 열매는 황금빛으로 익으며 단맛과
향기가 좋다. 우리나라에서 재배하는 품종
은 대부분 온주밀감류이며 수입종에 비해서
품질이 좋다. 껍질은 한방에서 진피(陳皮)라
고 부르며 약재로 쓰인다.

- 약용 부위 : 과피
- 채취 시기 : 가을, 겨울
- 분포 : 제주도
- 생장지 : 양지바른 곳

약효 용법
기침, 감기
1. 진피(껍질) 5g을 달인 물에 설탕을 조금 타서 더울 때 마신다.
2. 과실을 생식한다.

98 바위취(虎耳草) Saxifraga stolonifera

범의귓과의 상록 다년생초

잎은 다육질이며 신장형이고 표면에 거친
털이 나 있다. 표면은 녹색, 뒷면은 붉은색
이다. 잎줄기에서 가느다란 실가지가 나와
덩굴처럼 땅 위를 기어가듯 자라나는데 그
실줄기 끝에 새싹이 생겨나서 번식을 계속
한다. 초여름에 긴 꽃자루가 자라나서 많은
흰 꽃이 핀다. 잎의 생긴 모양이 호랑이 귀
와 같다고 호이초라고 한다.

- 약용 부위 : 잎
- 채취 시기 : 봄(5~7월)
- 분포 : 관상용으로 기름
- 생장지 : 서울에서도 노지
  월동이 가능

약효 용법

1. 종기, 습진, 동상, 벌레 물린 데 … 생잎을 불에 쬐서 붙인다.
2. 감기로 인한 고열 … 4~5장의 생잎에 마른 지렁이 한 마리를 함께 달여
   복용한다.
3. 중이염 … 생잎의 즙을 짜서 넣는다.

99 박하(薄荷) Mentha arvensis var. piperascens

꿀풀과의 다년생초

야생하는 것도 있으나 약용의 목적으로 재배도 많이 한다. 온몸에 잔털이 있으며 풀 전체에 좋은 향기가 많이 난다. 땅속줄기가 잘 발달하여 땅속을 뻗으며 번식하므로 군락을 이루어 자라고 있다. 줄기는 높이 60cm 정도이며 깨처럼 네모가 나 있고, 잎은 길쭉한 타원형으로 마디마다 2장씩 나 있다. 7~9월에 잎겨드랑이에서 작은 보랏빛 꽃이 뭉쳐서 핀다.

- 약용 부위 : 지상부 전체
- 채취 시기 : 가을
- 분포 : 전국 각지
- 생장지 : 개울가와 같은 습기가 많은 곳

약효 용법

소화 불량, 두통
- 1회에 2~4g 달여서 복용한다.

100 반하(半夏) Pinellia ternata

천남성과의 다년생초

땅속 깊은 곳에 지름 1cm 가량인 알줄기가 있고 거기서 땅 위로 긴 잎자루가 있는 잎이 자라난다. 알줄기로부터는 꽃대도 자라나서 원통모양의 길쭉한 조직이 생기는데 그 위쪽에는 수꽃, 아래쪽에는 암꽃이 핀다. 빛깔은 초록색이며 6~7월에 핀다. 반하는 독성 식물의 하나이다.

- 약용 부위 : 알뿌리
- 채취 시기 : 여름
- 분포 : 전국
- 생장지 : 풀밭, 논두렁, 야산

약효 용법

구역질, 가래 끓는 데
- 말린 약재를 1회에 1.2~3g 달여서 복용한다.

101 밤나무(栗) Castania crenata var. dulcis

참나뭇과의 낙엽 활엽수

재래종은 알이 작고 감미가 많으며 맛이 좋
으나 지금은 구하기가 힘들고 대부분 수입
개량종 밤이 유통된다. 그러나 개량종 밤도
시일이 지날수록 맛이 좋아지고 있다.

- 약용 부위 : 잎, 과실
- 채취 시기 : 잎이 있을
  때 언제라도
- 분포 : 전국
- 생장지 : 야산

약효 용법

화상, 옻오른 데
1. 잎을 달인 물로 환부를 적신다.
2. 밤 열매는 자양 강장제로 좋다.

102 방아풀(延命草) Isodon japonicus

꿀풀과의 다년생초

야산에 많이 자생하는 풀로서 키는 약 1m에 이르고 줄기의 단면이 사각형이다. 잎은 달걀꼴이고 마주 나며 짧은 털이 나 있다. 잎을 따서 혀에 대보면 쓴맛이 난다. 가을에 가는 꽃줄기 끝에 연보라색 꽃이 많이 핀다.

- 약용 부위 : 지상부
- 채취 시기 : 초가을
- 분포 : 전국 전역
- 생장지 : 양지바른 풀밭

약효 용법

건위, 진통, 해수, 수종
1. 말린 약재를 1회에 4~8g 달여서 복용한다.
2. 종기, 뱀에 물린 데 … 생물을 짓찧어서 붙인다.
3. 어린순은 나물로 무쳐서 먹는다.

103 배초향(排草香) Agastache rugosa

꿀풀과의 다년생초

높이 약 1m에 달하는 여러해살이풀로서 줄
기는 모가 나고 직립한다. 잎은 끝이 뾰족한
달걀형이고 2장씩 서로 마주 나며 가장자리
에 둔한 톱니가 나 있다. 8~10월에 줄기 끝
에 긴 원추모양의 보랏빛 꽃이 모여서 피는
데 꽃 하나 하나는 모두 입술모양이다. 풀
전체에서 좋은 향기가 난다.

- 약용 부위 : 지상부
- 채취 시기 : 가을
- 분포 : 전국
- 생장지 : 양지바른
  산과 들

약효 용법

변비, 정장, 소화, 지사
1. 말린 약재를 1회에 2~6g 달여서 복용한다.
2. 봄에 어린순을 나물로 무쳐서 먹는다.

104 백리향(百里香) Thymus quinquecostatus var. ibakiensis hara

광대나물과의 소관목

높이 약 15cm로 자라는 키가 작은 나무이
며 산에 바위틈이나 양지바른 풀밭에 난다.
잎에 1cm 정도로 아주 작은 타원형이다. 꽃
은 6월에 가지 끝에 여러 송이 피는데 분홍
색인 작은 꽃이며 잎과 꽃에서는 모두 좋은
냄새가 난다.

- 약용 부위 : 지상부
- 채취 시기 : 6~7월
- 분포 : 전국
- 생장지 : 높은 산의
  바위틈

약효 용법

감기, 기침, 백일해, 기관지염
- 1회에 말린 약재를 1~4g 달여서 복용한다.

105 백작약(白芍藥) Paeonia japonica

미나리아재빗과의 다년생초

줄기는 곧고 약 60cm 안팎으로 길게 자란다. 잎은 타원형인데 끝이 뾰족하며 가장자리에는 톱니가 없다. 줄기 끝에 이른봄, 5~7장의 꽃잎이 있는 흰 꽃이 줄기 끝마다 한 송이씩 피는데, 꽃잎은 완전히 피지 않고 꽃잎이 반 정도만 핀다.

- 약용 부위 : 뿌리
- 채취 시기 : 가을
- 분포 : 전국
- 생장지 : 깊은 산속

약효 용법

복통, 위통, 두통, 설사 복통, 신체 허약
- 1회에 5g을 달여서 복용한다.

106 뱀딸기(蛇苺) Duchesnea chrysantha

장미과의 다년생초

줄기가 땅 위로 뻗어 마디마다 뿌리를 내
려 번식한다. 잎겨드랑이에서 자란 긴 꽃자
루 끝에 흰 꽃이 피고, 꽃이 지고 나면 지
름 약 1.5cm 정도의 둥글고 붉은 딸기가 계
속 맺는다.

- 약용 부위 : 뿌리를
  포함한 풀 전체
- 채취 시기 : 봄
- 분포 : 전국
- 생장지 : 들판의 풀밭,
  밝은 숲속

약효 용법

감기, 오한, 기침, 두통, 통경, 치질
1. 1회에 4~8g을 달여서 마신다.
2. 벌레 물린 데 … 생풀을 짓찧어서 붙인다.

107 뱀무(水楊梅) Geum japonicum

장미과의 다년생초

위로 곧게 자라는 줄기는 1m에 가까우며 온
몸에 각질(角質)의 비늘로 덮여 있다. 이른
봄에 뿌리에서 나는 잎은 마치 무잎과 비슷
하며, 줄기에서 나는 잎은 3갈래로 갈라져
있고 가장자리에 톱니가 있다. 6월에 줄기
와 가지 끝에 노란꽃이 2~3송이 핀다.

- 약용 부위 : 풀 전체
- 채취 시기 : 여름, 가을
- 분포 : 중부이남 지방
- 생장지 : 야산과 들판에
  양지바른 곳

약효 용법

관절염, 임파선염, 이뇨, 요통, 자궁염
1. 말린 약재를 1회에 2~5g 달여서 먹는다.
2. 봄에 어린 싹을 나물로 먹는다.

108 범꼬리(拳蔘) bistorta manshuriensis

마디풀과의 다년생초

흑갈색의 근경은 비대하며 수염뿌리가 많다. 줄기는 곧게 서며 높이 1m 가량에 이른다. 근엽은 긴 잎자루가 있으며 뿌리에서 모여 난다. 꽃은 줄기 끝에 길이 6cm 가량인 이삭모양으로 핀다.

- 약용 부위 : 근경
- 채취 시기 : 가을
- 분포 : 전국
- 생장지 : 높은 산속

약효 용법

해독, 소염, 수렴, 정신병, 말라리아, 피부염
- 1일 6~10g을 달여서 3회에 나누어 복용한다.

109 범부채(射干) Belamcanda chinensis

붓꽃과의 다년생초

짧고 굵은 뿌리에서 곧은 줄기가 1m 정도로 길게 자라며 가지 끝부분에서 몇 개의 잔가지를 친다. 잎은 두툼하고 가늘며 끝이 뾰족하다. 가지 끝에 붉은 바탕에 흰 줄무늬가 있는 꽃이 6~7월에 피며 꽃잎은 6장이다.

- 약용 부위 : 근경
- 채취 시기 : 가을
- 분포 : 전국
- 생장지 : 깊은 산속

약효 용법

거담, 기침
- 1회에 말린 약재를 1~2g 달여서 마신다.

110 벗나무(山櫻) Prunus serrulata var spontanea

장미과의 낙엽 활엽 교목

벗나무는 우리나라에 자생하는 나무이며 지금도 소백산이나 지리산 깊은 곳에는 오래된 산벗나무를 찾아볼 수 있다. 꽃이 아름다워서 정원수로 많이 심고 요사이는 경관수로 심는 곳도 많다.

- 약용 부위 : 과실
- 채취 시기 : 여름
- 분포 : 전국
- 생장지 : 산, 공원, 도로변

약효 용법

피로 회복, 구갈
- 소주에 담궈 조금씩 마신다.

111 벽오동(碧梧桐) Firmiana simplex

벽오동과의 낙엽 교목

높이 15m 이상에 이르는 큰나무이며 울릉도
가 그 자생지라고 한다. 잎은 무척 크고 길
이 20~50cm, 나비 15~30cm에 이르며 끝
이 뾰족한 심장형이다. 봄에 피는 연한 자주
색 꽃에는 독특한 향기가 있다. 꽃은 종모양
이고 끝이 5갈래로 갈라져 있으며 꽃대와 더

- 약용 부위 : 잎, 가지
- 채취 시기 : 잎…봄.여름.
  가지 … 필요 시
- 분포 : 전국
- 생장지 : 산속, 인가 부근

불어 갈색의 작은 털로 덮여 있다. 열매는 삭과이며 10~11월에 익는다.

약효 용법

사마귀, 화상, 이뇨, 양모(탈모)
1. 사마귀 … 잎의 생즙을 바른다.
2. 양모, 화상 … 달인 물로 씻고 찜질을 한다.
3. 이뇨 … 1회에 3~5g을 달여서 마신다.

112 별꽃(繁縷) Stellaria medica

석죽과의 이년생초

마디마다 2장의 잎이 마주 나는데 잎자루
는 없고 끝이 뾰족하고 부드럽다. 가지 끝
과 잎겨드랑이에서 자라난 꽃대 위에는 지
름 약 7cm 정도의 작고 흰 꽃이 듬성듬성
피어난다.

- 약용 부위 : 풀 전체
- 채취 시기 : 연중
- 분포 : 전국
- 생장지 : 밭, 길가

약효 용법

위장염, 맹장염, 산후 복통, 젖감질, 심장병, 치근염
1. 1회에 10~20g 달여서 복용한다.
2. 소금과 함께 기름기 없이 볶아서 치약으로 사용한다.
3. 연한 순은 국, 무침나물로 먹는다.

113 보리수나무 Elaeagnus umbellatus

보리수나뭇과의 낙엽 활엽수

높이 3~4m에 달하는 작은 나무로 가지는
직립하며 많은 옆가지를 친다. 작은 가지는
회백색이고, 잎은 장타원형인데 뒷면은 은
백색 가는 털이 밀생하고 있다. 잎자루의 길
이는 약 5mm 정도로 짧으며, 바람에 잎이

- 약용 부위 : 과실
- 채취 시기 : 가을
- 분포 : 중부이남 지방
- 생장지 : 산비탈

잘 움직인다. 꽃은 4~5월에 피며 작은 구슬모양의 과실은 가을에 붉게
익는데 비늘과 같은 잔털에 덮여 있고 과즙이 많다.

약효 용법

자양, 진해, 피로 회복
1. 말린 약재를 1회에 3~8g 달여서 복용한다.
2. 숨차고 기침이 나는 증세 … 열매를 설탕에 조려 두었다가 달여서 마신다.
3. 과실주를 담가서 조금씩 마신다.

114 복숭아나무(桃仁) Prunus persica

장미과의 낙엽 소교목

옛날부터 맛좋은 과실로 유명한 복숭아는 봄에 피는 아름다운 꽃으로도 사랑받는 나무이다. 과수로서 많은 품종이 개발되었으나 약으로 쓰는 데는 어느 것이나 상관없다.

- 약용 부위 : 씨, 꽃, 잎
- 채취 시기 : 꽃은 봄,
  잎과 씨는 여름
- 분포 : 한국, 중국
- 생장지 : 밭, 산

약효 용법

일반 부인병, 맹장염, 변비
- 말린 약재를 1회에 2~4g 달여서 복용한다.

115 봉선화(鳳仙花) Impatients balsamina

봉선화과의 일년생초

다육질인 줄기는 곧게 서고 높이 60cm 정
도로 자라며 여러 대의 가지를 친다. 잎은
어긋나고 피침형이며 끝이 날카롭고 가장자
리에 잔 톱니가 있다. 꽃은 홍색, 백색, 분홍
색 등 다양하며 7~8월에 핀다. 열매가 익었
을 때 손을 대면 과피가 안으로 갑자기 말리

- 약용 부위 : 종자
- 채취 시기 : 초가을
- 분포 : 전국
- 생장지 : 양지바른 담 밑

면서 갈라지고 그 힘으로 종자가 멀리 튕겨 나간다. 꽃은 여자들이 손톱
을 붉게 물들이는 데 쓰였다.

약효 용법
감기, 생선 중독
1. 감기 … 1회에 말린 잎을 3~6g 달여서 복용한다.
2. 생선 중독 … 종자를 1회에 1.5~3g 달여서 복용한다.

116 부처꽃(千屈菜) Lythrum anceps

부처꽃과의 다년생초

밭둑이나 습지에 가면 눈에 잘 띄는 흔한 풀로서 곧게 선 줄기는 보통 60~80cm 정도이고 곧게 서며 윗부분에서 약간 가지를 친다. 여름에 긴 꽃대 위에 많은 붉은 꽃이 피는데, 꽃대가 휘어지는 법이 없다. 꽃잎은 6장이고 짙은 분홍빛이다.

- 약용 부위 : 풀 전체
- 채취 시기 : 여름, 가을
- 분포 : 전국 각지
- 생장지 : 도랑, 논둑,
  습기가 많은 곳

약효 용법

설사
- 1회에 5~10g을 달여서 마신다.

117 부추(菲子) Allium tuberosum

백합과의 다년생초

파, 마늘과 비슷한 냄새와 맛이 나는 채소로
서 아시아 각지에 넓게 재배 또는 자생한다.

- 약용 부위 : 종자, 줄기
- 채취 시기 : 종자는
  가을, 줄기는
  필요 시
- 분포 : 전국
- 생장지 : 밭에서 재배

약효 용법

강장, 강정, 설사, 요통, 오줌소태
1. 여러 가지 채소 요리를 만들어서 먹는다.
2. 마른 씨앗을 1회에 30~40개를 먹는다.

118 불두화(佛頭花) Viburnum sargentii for. sterila

인동과의 낙엽 활엽수

이른봄 사찰의 경내에서 자주 볼 수 있는 꽃 나무이다. 지름 10cm 정도의 둥근 공모양의 흰 꽃이 나무 전체를 덮을 정도로 많이 핀다. 꽃색은 처음에 흰색이나 차츰 보랏빛으로 변해가서 나중에는 자줏빛이 되는 것이 특색이다.

> • 약용 부위 : 꽃
> • 채취 시기 : 봄
> • 분포 : 한국 · 일본 · 중국 · 만주 · 아무르 · 우수리 등지
> • 생장지 : 산지

약효 용법

해열
• 1회에 2~4g을 달여서 복용한다.

119 붉나무(뿔나무) (鹽麩子) Rhus chinensis

옻나뭇과의 낙엽 활엽수

높이 5~8m에 달하는 나무로서 둥치에는
잔가지가 없고 외대로 올라가서 꼭대기 부
근에 이르러 몇 개의 가지가 발생한다. 잎은
큰 깃털모양이고 한 잎에는 7~13장 정도
의 작은 잎이 있는데, 모두 피침형이고 특이
한 냄새가 난다. 잎에는 흔히 굵은 벌레집이
생기는데 이것을 오배자(五倍子)라고 한다.

- 약용 부위 : 과실
- 채취 시기 : 가을
- 분포 : 전국
- 생장지 : 양지바른
  산기슭

약효 용법

거담, 기침, 식은땀
1. 말린 약재를 1회에 4~6g 달여서 복용한다.
2. 옻, 종기 … 약재를 가루로 만들어 수증기에 개서 환부에 바른다.

120 붉은토끼풀 Trifolium pratense

콩과의 다년생초

'클로버'와 똑같이 생겼으나 키가 좀 더 크고 꽃색이 분홍색이다. 그리고 '클로버'는 털이 없는데 붉은 토끼풀은 잎과 줄기에 약간의 털이 있다. 목초용으로 유럽에서 수입한 것이 지금은 도처에 야생하고 있다.

- 약용 부위 : 꽃
- 채취 시기 : 개화기
- 분포 : 전국
- 생장지 : 목초지 가까운 풀밭

약효 용법

감기, 기침, 천식
1. 하루 5~10g을 달여서 3회에 나누어 마신다.
2. 어린잎을 따서 나물로 무쳐서 먹거나 기름에 볶아서 먹는다.

121 붓꽃(鳶尾根) Iris nertschinskia

붓꽃과의 다년생초

땅속줄기는 길고 수염뿌리도 많다. 키 30
~60cm이고 꽃은 5~6월에 자색으로 피며
잎은 가운데 맥이 보이지 않으며 칼모양이
고 두 줄로 붙어 있다.

- 약용 부위 : 근경
- 채취 시기 : 여름
- 분포 : 전국
- 생장지 : 습기가 많은 곳

약효 용법

1. 식체로 토하게 할 때 ··· 1회에 분말 1~4g을 복용한다.
2. 설사하게 할 때 ··· 공복에 분말 4g을 복용한다.

122 비파나무(枇杷) Eriobotrya japonica

장미과의 상록 소교목

잎은 어긋나며 긴 타원형이고 길이 20~30cm로 아주 넓고 크다. 잎 표면은 털이 없고 광택이 나지만 뒷면에는 털이 있다. 꽃은 흰색이고 가을에 핀다. 열매는 가지 끝마다 몇 개씩 모여 달리며 달걀형이고 다음해 여름에 황색으로 익는다.

- 약용 부위 : 잎, 열매
- 채취 시기 : 열매 … 여름.
  잎 … 필요할 때
- 분포 : 남부 지방
- 생장지 : 인가 부근에서
  재배

약효 용법

청량제, 거담, 땀띠, 기침, 더위먹은 데, 피로 회복
1. 잎 2장을 달여서 마신다.
2. 강장, 피로 회복 … 과실주를 담궈서 복용한다.
3. 땀띠 … 잎 3장을 물 500cc에 달여서 그 물을 바른다.

123 사과나무(沙果) Malus pumila var. domestica

장미과의 낙엽 교목

우리나라에도 자생하는 야생 사과나무가 있으나 과수로서 경제성이 없어서 재배하지 않고 외국에서 도입된 개량 품종이 판을 친다. 약용으로는 아무거나 상관없다.

- 약용 부위 : 과실
- 채취 시기 : 가을
- 분포 : 전국
- 생장지 : 산기슭

약효 용법

소화 촉진, 아기 설사

- 사과 주스를 식전에 1컵 복용한다.

124 사상자(蛇床子) Torilis japonica

미나릿과의 이년생초

높이 30~70cm에 달하는 이년생초이며 온몸
에 잔털이 많이 나 있다. 잎은 깃털형이고 마
디마다 서로 어긋나게 자라면서 깊게 갈라진
다. 줄기와 가지 끝에 우산의 살대와 같은 모
양의 꽃대가 10~20개 정도 나서 그 끝에 많

- 약용 부위 : 과실
- 채취 시기 : 가을
- 분포 : 전국
- 생장지 : 야산의 숲속

은 흰 꽃이 핀다. 열매에는 가시와 같은 털이 있어서 다른 물체에 잘 달
라붙는다. 그리고 잘 익은 열매를 손으로 터뜨리면 독특한 냄새가 난다.

약효 용법
강장, 질외 음부의 가려움증
1. 강장 … 오미자 등 다른 약과 조제하여 복용한다.
2. 외음부 가려움증 … 약재 5~10g에 백반 2~4g을 함께 달여 그 물로 환부
를 씻는다.

125 사철나무(和社冲) Euonymus japonica

노박덩굴과의 상록 관목

생울타리로도 많이 심는 이 나무는 내한성
이 강한 활엽 상록수이다. 겨울에도 잎과 잔
가지가 푸르름을 잃지 않는다. 잎은 마디마
다 2장씩 마주 나며 달걀꼴 또는 긴 타원형
에 가까우며 육질이 두껍고 표면에 광택이
난다. 봄에 잔가지 잎겨드랑이에서 꽃대가
자라 연초록색 꽃이 핀다. 열매는 주황색으
로 곱게 익는다.

- 약용 부위 : 수피
- 채취 시기 : 가을, 겨울
- 분포 : 남한 전역
- 생장지 : 양지바르고
  따뜻한 곳

약효 용법

신체 허약, 히스테리, 이뇨
- 말린 약재를 1회에 2~4g 달여서 복용한다.

126 산벚나무(山櫻) Prumus sargentii

앵둣과의 낙엽 활엽 교목

산벚나무는 우리나라 예로부터 자생하는 나무이며 우리나라에서 일본으로도 전해졌다는 설도 있다.

- 약용 부위 : 수피, 과실
- 채취 시기 : 여름
- 분포 : 전국
- 생장지 : 산속 양지
  바른 곳

약효 용법

기침, 입 마르는 데

1. 1일 3~5g을 달여서 3회에 나눠 마신다.
2. 부스럼에 3~5g을 달여서 그 물로 씻는다.
3. 강장 … 과실로 술을 담궈 마신다.

127 산뽕나무(白桑皮) Morus bombycis

뽕나뭇과의 낙엽 활엽수

누에의 먹이로 잘 알려진 이 나무의 열매
는 초여름에 검게 익는데 이것을 오디라고
하며, 어릴 때 즐겨 따먹은 기억이 있을 것
이다.

- 약용 부위 : 근피, 잎,
  과실
- 채취 시기 : 뿌리는 5월,
  잎은 4월, 과실은
  6~7월
- 분포 : 전국
- 생장지 : 밭둑, 산기슭

약효 용법

1. 고혈압 예방 … 백상피주를 담그어 복용한다.
2. 피로 회복, 강장 … 오디주를 담궈서 마신다.
3. 뜨거운 물에 의한 화상 … 마른 잎가루를 참기름에 개서 환부에 붙인다.

128 산사나무(山査子, 土山) Crataegus pinnatifida

능금나뭇과의 낙엽 활엽 소교목

이른봄 지름 2cm 정도의 작고 흰 꽃이 핀다. 가지에는 가시가 있고 콩알 만한 열매는 붉게 익는데 마치 작은 석류처럼 끝이 튀어나왔다.

- 약용 부위 : 과실
- 채취 시기 : 가을
- 분포 : 전국
- 생장지 : 깊은 산골짝, 도랑가 숲속

약효 용법

건위, 정장

1. 건위, 정장 … 하루 5~8g을 달여서 3번에 나누어 복용한다.
2. 식중독 … 8g을 달여서 한 번에 복용한다.

129 산수유나무(山茱萸) Cornus officinalis

층층나뭇과의 낙엽 활엽수

이른봄, 다른 나무가 잎도 피기 전에 가장 먼저 노란 꽃이 피고, 가을이면 타원형의 작고 붉은 열매가 나무 전체에 가득 달린다. 꽃은 가지 끝에 20~30개씩 둥글게 뭉쳐서 피는데 한개 한개의 꽃은 볼품없어도 많이 모임으로써 나무 전체가 노랗게 보인다.

- 약용 부위 : 과실
- 채취 시기 : 가을
- 분포 : 중부이남 지방
- 생장지 : 집 주변, 밭 가

약효 용법

남성 성기 위축, 유정, 현기증, 이명(귀울음)
1. 1회에 2~4g 달여서 복용한다.
2. 산수유주를 담궈 복용한다.

130 산쑥(약쑥) (艾葉) Artemisia montana

국화과의 다년생초

쑥과 비슷하게 생겼으나 잎이나 줄기가 모두 더 크다. 높이 1.5~2m에 달하며 줄기에 가지를 많이 친다. 잎의 표면은 녹색이지만 뒷면은 흰털이 많이 나 있어서 희게 보인다. 단오 무렵에 채취한 것이 약효가 가장 좋다고 한다.

- 약용 부위 : 잎, 줄기
- 채취 시기 : 단오 전후
- 분포 : 전국
- 생장지 : 양지바른 언덕, 들판

약효 용법

건위, 빈혈, 설사, 기침, 심기능 보전
1. 1회에 말린 약재 5~8g을 달여서 복용한다.
2. 요통, 치질 … 쑥탕에서 목욕한다.

131 산앵두나무(郁李仁) Vaccinium koreanum

진달랫과의 낙엽 관목

4월의 담홍색의 작은 꽃이 피고 7월에 열매
가 붉게 익는데 먹으면 맛이 달큼하다. 줄
기와 가지의 모양이 예뻐서 분재로도 많이
이용한다.

- 약용 부위 : 종자, 뿌리
- 채취 시기 : 종자 7월,
  뿌리는 필요 시
- 분포 : 전국
- 생장지 : 숲속 큰 나무 밑

약효 용법

이뇨, 변비, 치질
1. 1일 4~12g을 달여서 3회에 나누어 복용한다.
2. 치통 … 달인 물을 입에 문다.

132 산초나무 Zanthoxylum schinifolium

운향과의 낙엽 활엽수

높이 약 3m에 달하는 작은 나무로서 줄기
와 가지가 모두 날카로운 가시로 덮여 있다.
잎은 어긋나며 깃털모양이고, 잎을 따서 냄
새를 맡으면 산초 특유의 향기가 난다. 꽃은
8~9월에 피고 흰색이며 많은 작은 꽃들이
우산모양으로 뭉쳐서 핀다. 열매는 검은색
이며 윤기가 난다.

- 약용 부위 : 과피, 종자
- 채취 시기 : 가을
- 분포 : 전국 각지
- 생장지 : 산의 숲 가장
  자리

약효 용법

소화 불량, 식체, 위하수, 구토, 설사, 기침
1. 말린 약재를 1회에 0.7~2g 달여서 먹거나 가루로 만들어서 먹는다.
2. 씨에서 짠 기름을 식용으로 한다.

133 살구나무(杏子) Prunus armeniaca

장미과의 낙엽 활엽 교목

이른봄, 오래 묵은 나무에 피는 연분홍의 꽃은 관상용으로도 참 아름답다. 지름 3cm 정도의 열매는 초여름에 노랗게 익으며 가는 털에 쌓여 있다. 단맛과 신맛이 적당하여 여름 과실로 참 좋다.

- 약용 부위 : 종자핵, 과실
- 채취 시기 : 6월
- 분포 : 전국
- 생장지 : 인가 부근

약효 용법

기침, 천식, 기관지염, 변비

1. 1회에 2~4g을 달여서 마신다.
2. 강장 … 미숙과로 술을 담궈 마신다.

134 삼백초(三白草) Saururus chinensis

삼백초과의 다년생초

그늘지고 습기가 많은 곳에 자라는 풀로서
줄기는 곧게 자라 60~100cm에 이른다. 잎
은 심장형이며 끝이 뾰족하고 잎 가장자리
에 톱니가 없다. 잎겨드랑이에서 자란 긴 꽃
대에서 6~8월경에 흰 꽃이 핀다.

- 약용 부위 : 풀 전체
- 채취 시기 : 초여름
- 분포 : 제주도
- 생장지 : 습기 많고
  그늘진 곳

약효 용법

이뇨, 수종, 각기, 임질, 위장병, 간염, 황달
1. 1회에 4~6g을 달여서 복용한다.
2. 뱀에 물리거나 종기 … 생풀을 짓찧어서 붙인다.

135 삼지구엽초(淫羊藿) Epimedium koreanum

매자나뭇과의 다년생초

높이 약 30cm로 자라며, 뿌리에서 직접 자라 나온 줄기에는 세 가닥에 세 개씩의 작은 잎을 붙여서 모두 9장의 잎으로 이루어져 있으므로 삼지구엽초라는 이름이 붙었다. 꽃은 꽃잎이 4장이고 줄기 끝에 3~5송이 희게 핀다.

- 약용 부위 : 잎, 줄기
- 채취 시기 : 초여름
- 분포 : 경기도, 강원도, 이북 지방
- 생장지 : 산속의 숲

약효 용법

최음, 강장, 강정
1. 1회에 4~8g 달여서 복용한다.
2. 강장, 강정 … 술을 담가 마신다.
3. 어린순과 꽃을 데쳐서 나물로 먹는다.

136 상산(常山) Orixa japonica

운향과의 낙엽 활엽 관목

신록과 함께 작년 가지 잎 뿌리에서 황록색
의 작은 꽃이 핀다. 어린 줄기는 회백색인
털이 나며 잎은 어긋나고 길이 5~13cm, 넓
이 3~6cm 정도의 도란형이며 광택이 있고
독특한 냄새가 난다.

- 약용 부위 : 잎, 가지
- 채취 시기 : 여름
- 분포 : 제주도, 남해안
- 생장지 : 해안의 산골

약효 용법
- 종기 … 15g 정도를 물 400cc에 달여서 환부를 씻는다.

137 상수리나무(橡實) Quercus acutissima

참나뭇과의 낙엽 활엽수

잎은 긴 피침꼴로써 밤나무 잎과 비슷하다. 잎맥이 뚜렷하고 가장자리에 바늘과 같은 모양의 톱니가 규칙적으로 붙어 있다. 열매는 도토리라고 부르며 두툼한 비늘로 된 포린(包鱗) 속에 싸여 있다.

- 약용 부위 : 수피
- 채취 시기 : 여름
- 분포 : 전국
- 생장지 : 산의 양지

약효 용법

설사, 장출혈, 치질로 인한 출혈, 탈황
1. 1회에 10~20g을 달여서 마신다.
2. 도토리묵을 만들어 먹는다.

138 새삼(菟絲) Cuscuta japonica

메꽃과의 일년생초 기생식물

도처에서 볼 수 있는 덩굴성 기생식물로서, 덩굴이 다른 식물을 감고 흡반을 내어 양분을 섭취하여 계속 자란다. 스스로 산소 동화 작용을 하지 않으므로 엽록소가 없다. 그래서 줄기는 여름에도 연노랑색이며, 일단 다른 식물에 기생만 하면 뿌리도 필요 없으므로 퇴화하여 없어지고 만다.

- 약용 부위 : 씨, 줄기
- 채취 시기 : 가을
- 분포 : 전국
- 생장지 : 양지바른 풀밭, 관목 숲

약효 용법

줄기 … 토혈, 코피 나는 데, 혈변, 이뇨, 간염
씨 … 강장, 유정, 신체 허약, 비뇨, 습관성 유산
1. 1회에 씨 또는 줄기 말린 것을 4~6g 달여서 복용한다.
2. 씨는 술을 담궈 마시기도 한다.

139 생강(生薑) Zingiber offcinale

생강과의 다년생초

인도 원산인 이 풀은 땅속에 굵고 다육질인 근경이 있는데 이것을 우리가 양념으로 먹는다. 줄기는 근경에서 나며 잎은 마치 갈대와 흡사하고 날카로운 긴 피침 꼴이다.

- 약용 부위 : 근경
- 채취 시기 : 가을
- 분포 : 전북에서 많이 재배
- 생장지 : 밭에서 재배

약효 용법

건위, 신진 대사 기능 촉진, 기침
- 다른 한약재와 혼용한다.

140 석결명(望江南子) Cassia occidentalis

콩과의 일년생초

잎은 결명차와 비슷하나 끝이 더 뾰족하다. 작은 잎은 깃털모양인데 작은 잎이 5~6쌍 나 있다. 꽃은 여름에 피는데 선명한 황색이고, 꽃이 지고 나면 약 10cm 가량 되는 긴 꼬투리가 달리고 그 속에 종자가 두 줄로 들어 있다.

- 약용 부위 : 종자, 잎
- 채취 시기 : 종자 … 10월,
  잎 … 여름
- 분포 : 전국
- 생장지 : 인가 부근의
  들판

약효 용법

어지럼병, 소화 장애, 변비, 복통
1. 1일 1.5~3g을 가루약으로 만들어서 복용한다.
2. 항상 차로 마신다. .

141 석류나무(石榴) Punica granatun

석류나뭇과의 낙엽 소교목

인도, 이란, 파키스탄, 아프가니스탄 등이
원산인 높이 약 10m에 달하는 나무이며 줄
기가 뒤틀리며 자라는 것이 특색이다. 다른
나무에 비해 잎이 늦게 나오며, 4월 하순이
나 5월 상순이 되어야 광택이 있는 잎이 나
온다. 색이 진한 붉은 꽃은 5~6월에 피는
데 꽃과 열매가 아름다워서 정원수로 많이

- 약용 부위 : 과피
- 채취 시기 : 11월경
- 분포 : 따뜻한 남부 지방
- 생장지 : 배수가 잘 되는
  양지바른 사질토

기른다. 열매는 익으면 두꺼운 과피가 저절로 갈라져서 그 속에서 투명
한 껍질에 싸인 종자가 보이는 것이 여간 신기하지 않다.

약효 용법

입 안이 헐었을 때
1. 약재를 달인 물로 입을 가신다.　　　2. 종자를 생식한다.

142 석위(石葦) Pyrrosia lingua

고란초과의 상록 다년생초

뿌리줄기는 길게 자라며 잎이 직접 난다. 잎
은 두텁고 딱딱하며 끝이 뾰족하고 가장자
리에 톱니가 없다. 잎 뒷면에는 잎맥이 뚜
렷하게 보인다. 주로 나무 위나 바위 위에
자란다.

- 약용 부위 : 풀 전체
- 채취 시기 : 가을
- 분포 : 제주도와 남부
  따뜻한 지방
- 생장지 : 나무 그늘 또는
  바위에 붙어서
  산다.

약효 용법

이뇨, 결석, 신장염, 기침, 기관지염
- 말린 약재를 1회에 1.5~3g 달여서 복용한다. 혹은 곱게 가루로 만들어서
  복용하기도 한다.

143 석창포(石菖蒲, 白菖) Acorus gramineus

천남성과의 상록 다년생초

마치 창포를 작게 축소한 것과 같은 느낌의
풀이며 뿌리줄기가 굵고 딱딱하며 많은 잔
뿌리를 내어 바위틈과 같은 곳에서도 잘 붙
어서 산다. 잎은 윤기 있는 좁은 줄모양이며
뿌리줄기로부터 직접 나고 항상 좋은 향내
를 풍긴다. 꽃은 막대모양이고 연노란색이
며 길이 5cm 정도이다.

- 약용 부위 : 뿌리, 줄기
- 채취 시기 : 가을
- 분포 : 제주도, 남해안
- 생장지 : 물가, 돌 틈

약효 용법

속이 답답할 때, 소화 불량, 복통
1. 1일 5~10g을 달여서 3회에 나누어 복용한다.
2. 외상에는 달인 물로 환부를 씻거나 찜질을 한다.
3. 건강 유지 … 술을 담궈 마신다.

144 선인장(仙人掌) Opuntia ficus-indica var. saboten

선인장과의 다년생초

줄기는 편편하며 둥근 달걀꼴이고 마치 잎처럼 납작하게 생겼으며 군데군데 날카로운 가시가 많이 나 있다. 잎은 작은 피침모양이나 일찍 떨어버리곤, 꽃은 여름에 줄기 마디 상단에 노랗게 핀다.

- 약용 부위 : 줄기
- 채취 시기 : 필요 시
- 분포 : 전국
- 생장지 : 온실에서 관상용으로 재배

약효 용법

늑막염, 기침, 해열
- 가시를 따버리고 줄기에서 즙을 내어 1회에 10~15g씩 생으로 마신다.

145 소나무(松) Pinus densiflora

소나뭇과의 상록 침엽수

널리 산에 분포하는 우리나라 자생의 나무
이며 나이를 먹을수록 가지가 묘한 재주를
부려 한 나무 한 나무가 특색 있는 아름다움
을 나타낸다. 바늘꼴인 잎은 2장이 맞붙어
있다. 옛날에는 봄에 물이 오른 가지를 꺾어
속껍질을 송기라고 하며 먹었으며, 겨울에
는 잎을 긁어 갈비라고 하며 연료로도 사용했다.

- 약용 부위 : 잎
- 채취 시기 : 사계절
- 분포 : 전국
- 생장지 : 산

약효 용법

이뇨, 고혈압, 중풍 예방
1. 1회에 말린 약재를 4~8g 달여서 먹거나 가루로 만들어서 먹는다.
2. 송엽주를 만들어서 복용한다.

146 소리쟁이(羊蹄) Rumex crispus

마디풀과의 다년생초

보랏빛을 띤 굵고 튼튼한 줄기는 60cm 이
상으로 자라고 그 줄기에 길이가 30cm 정
도로 긴 잎이 어긋나는데 잎은 긴 피침형인
데 쭈글쭈글하다. 6~7월이 되면 줄기 끝에
녹색의 꽃이 이삭모양으로 핀다. 꽃이 지고
나면 꽃받침 3장이 크게 자라서 날개모양이
되어 과실을 감싼다.

- 약용 부위 : 뿌리
- 채취 시기 : 초가을
- 분포 : 전국
- 생장지 : 들판의 건조
  하지 않은 곳

약효 용법

1. 이뇨, 지혈, 소화 불량, 황달 … 1회에 4~6g을 달여서 복용한다.
2. 옷, 종기, 피부병 … 생뿌리 즙을 내어 환부에 바른다.

147 소엽(蘇葉 · 차조기, 紫蘇葉) Perilla frutescen var. acuta

꿀풀과의 일년생초

풀 전체가 짙은 보랏빛을 띠며, 색깔을 생각
지 않으면 들깨와 생김새가 너무나 닮았다.
들깨와 비슷한 독특한 냄새가 잎과 줄기에
서 난다. 줄기는 각이 지며 많은 가지를 치
고 높이 1m 가량으로 자란다. 잎은 크기나
모양이 모두 들깨와 같으며 8~9월에 줄기
와 가지 끝 부근에서 자란 꽃대에 대롱모양
의 연보라색 꽃이 이삭모양으로 모여서 핀다.

- 약용 부위 : 잎
- 채취 시기 : 여름, 가을
- 분포 : 전국 각지
- 생장지 : 인가 부근,
  밭에서 재배

약효 용법
발한, 해열, 기관지염, 어육 중독의 해독
- 1일 6~10g을 달여 복용한다.

148 소철(蘇鐵) Cycas revoluta

소철과의 상록 교목

열대성 식물로 줄기는 굵고 검은색이며 전체에 비늘모양의 거칠은 잎 무늬가 있고 줄기 끝에 크고 긴 깃털모양의 잎이 많이 난다. 잎 가운데는 확실한 잎맥이 있고, 잎맥을 중심으로 양쪽 가장자리에 규칙적으로 좁고 단단한 혁질의 작은 잎이 많이 붙어 있다.

- 약용 부위 : 종자
- 채취 시기 : 가을
- 분포 : 아열대성 식물
- 생장지 : 우리나라에서는
  온실 재배

약효 용법

기침, 통경, 강장
- 1일 5~15g을 달여서 복용한다.

149 소태나무(苦樹樹) Picrasma quassioides

소태나뭇과의 낙엽 활엽 소교목

늦은 봄에 작은 황색 꽃이 많이 피고 9월
경 남색의 작고 둥근 열매가 달린다. 수피
는 적갈색이고 목질부는 흰색인데 잎과 줄
기가 몹시 쓰다.

- 약용 부위 : 목질부
- 채취 시기 : 6~7월
- 분포 : 전국
- 생장지 : 산의 숲속

약효 용법

건위제
1. 1회에 분말 0.2g을 복용한다.
2. 1일 10g을 달여서 3회에 나누어 복용한다.

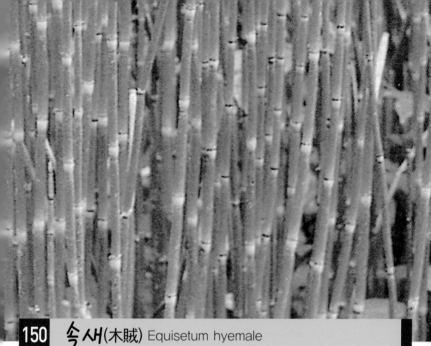

150 속새(木賊) Equisetum hyemale

속샛과의 상록 초본

잎은 없고 높이 약 80cm 가량의 원기둥모
양인 가는 줄기가 여러 개 한 곳에 모여서
난다. 줄기는 속이 비어 있고 가지를 치지
않으며 외대로 자란다. 줄기 마디는 여러 개
가 있고 잎이 퇴화한 피막으로 쌓여 있다.

- 약용 부위 : 줄기
- 채취 시기 : 4월 혹은
  8~10월
- 분포 : 제주도를 비롯 중
  부이남 지방
- 생장지 : 깊은 산속이나
  나무 그늘

약효 용법

해열, 이뇨, 장출혈, 치질 출혈
1. 1회에 2~4g을 달여서 복용한다.
2. 탈항에는 약재를 달인 물로 환부를 씻는다.

151 솜방망이(狗舌草) Senecio integrifolius

국화과의 다년생초

가지가 뻗지 않고 외줄기로 자라며 온몸에
가는 솜털이 나 있다. 줄기 끝에 5~6개의
꽃대가 자라 그 끝에 지름 3~4cm 정도의
노란 꽃이 봄에 핀다. 대체로 독이 있는 식
물로 알려져 있다.

- 약용 부위 : 풀 전체
- 채취 시기 : 봄, 개화 시
- 분포 : 전국
- 생장지 : 습기가 많은
  야산 풀밭

약효 용법

이뇨, 해열, 거담, 옴, 버짐
1. 1회에 4~7g을 달여서 마신다.
2. 옴, 버짐에 생풀을 짓찧어서 붙인다.

152 송악(常春藤) Hedera rhombea

두릅나뭇과의 상록 활엽 만목

상록성 덩굴식물로서 바위 그늘이나 숲속에 자생, 다른 나무에 기근을 내어 감아 올라가며 산다. 잎은 윤기가 있고 줄기의 마디마다 2장씩 마주 나고 두텁고도 빳빳하다. 9~10월경에 노란 꽃이 가지 끝에 많이 모여서 피며 열매는 송이를 이루어 검게 익는다.

- 약용 부위 : 잎
- 채취 시기 : 여름, 가을
- 분포 : 남부 지방 일대
- 생장지 : 산속의 나무 그늘, 인가 부근

약효 용법

관절염, 안면 신경마비, 현기증
1. 말린 약재를 1회에 2~4g을 달여서 마신다.
2. 종기 … 생잎을 짓찧어서 붙인다.

153 쇠뜨기(問荊, 筆頭葉) Equisetum arvense

양치식물 속샛과의 다년생초

쇠뜨기에는 두 가지 종류의 줄기가 있는데, 하나는 이른봄에 자라는 연갈색의 홀씨줄기이고, 또 하나는 녹색의 잎줄기이다. 약으로 쓰는 것은 잎줄기인데 30cm로 자라는 이 잎은 녹색의 젓가락 같으며 많은 마디로 이어져 있는 것이 특색이다.

- 약용 부위 : 풀 전체
- 채취 시기 : 초여름
- 분포 : 전국
- 생장지 : 양지바른
  밭 가, 둑, 들

약효 용법

이뇨, 해열, 기침
- 1일 4~10g을 달여서 3회에 나누어 복용한다.

154 쇠무릎(牛膝) Achyranthes Japonica

비름과의 다년생초

번식력이 왕성한 잡초로서 높이 50~100cm
에 이르며 타원형인 잎에는 양면에 많은 털
이 나 있다. 8~9월에 피는 꽃은 초록색이
며 이삭모양으로 핀다. 씨는 익으면 다른 물
체에 달라붙는 성질이 있다.

- 약용 부위 : 뿌리
- 채취 시기 : 여름
- 분포 : 전국
- 생장지 : 산과 들의 풀밭,
  길가

약효 용법

이뇨, 통경, 진통
1. 1회에 2~6g을 달여서 복용한다.
2. 약재를 10배량의 소주에 담갔다가 조금씩 복용한다.
3. 봄에 어린순을 나물로 먹는다.

155 쇠비름(馬齒莧) Portulaca oleracea

쇠비름과의 일년생초

다육질인 풀로써 물기가 없어도 잘 살고 어디서라도 많이 자라므로 농민들을 괴롭히는 대표적 잡초의 하나이다. 잎은 살이 적으며 작은 주걱형이고 줄기에서 2장씩 마주 난다. 잎자루는 없고 살색의 줄기에 직접 난다. 꽃은 노랑색이며 줄기 끝에 3~4송이가 모여 핀다. 꽃이 지고 난 다음 가지 끝에 생긴 작은 뚜껑 속에 채송화씨 비슷하게 생긴 작고 검은 씨가 소복이 익는다.

> • 약용 부위 : 풀 전체
> • 채취 시기 : 잎이 있는 동안 항시
> • 분포 : 전국
> • 생장지 : 밭, 길가, 들판

약효 용법

이뇨, 요도염, 각기, 임질, 벌레 물린 데, 마른버짐
1. 말린 약재를 1일 3~6g을 약한 불에 달여서 복용한다.
2. 벌레 물린 데, 버짐 … 잎을 짓찧어서 붙인다.

156 수박(西瓜) Citrullus vulgaris

박과의 일년생초

열대 아프리카 원산인 수박은 여름철 과일로 없어서는 안 되는 귀중한 것이다. 갈증을 해소하고, 술을 깨게 하고 이뇨 작용을 잘하게 하는 등 그 효과는 말할 수 없이 많다. 같은 밭에서는 연작이 잘 되지 않으므로 요사이는 박이나 호박에 접을 붙여서 재배하고 있다.

- 약용 부위 : 실과
- 채취 시기 : 여름
- 분포 : 전국
- 생장지 : 밭에서 재배

약효 용법

급만성 신장염, 이뇨
- 잼을 만들어서 한 숟갈씩 먹거나 생과를 먹는다.

157 수선화(水仙花) Narcissu tazetta var. chinensis

수선화과의 다년생초

땅속에 검고 둥근 알뿌리가 있는 다년생초
이며 주로 물기가 많은 곳이나 물 가까운 곳
에 잘 자란다. 알뿌리에서 4~6장의 좁고
긴 선형의 다육질 잎이 자란다. 이른봄 잎
사이에서 약 30cm 가량의 꽃대가 자라서
그 끝에 옆을 향한 네 송이의 꽃이 핀다. 꽃
색은 흰색이고 한가운데 작은 컵과 비슷하
게 생긴 노란 부분이 있는 것이 재미있다.

- 약용 부위 : 근경
- 채취 시기 : 필요할 때
- 분포 : 전국, 제주도에는
  야생
- 생장지 : 관상용으로
  재배

약효 용법

종기, 어깨 결리는 데
- 약재를 짓찧어서 환부에 바르거나 붙인다.

158 수세미외(絲瓜) Luffa cylindrica

박과의 일년생초

열대지방이 원산인 수세미외는 방망이보다
더 큰 열매가 가을에 주렁주렁 달리는 것이
장관이라서 관상용으로 많이 심어 왔다. 줄
기는 각이 있고 녹색이며 길게 뻗고 마디마
다 덩굴손을 내어 다른 물체에 감아서 올라
간다. 8~9월에 피는 꽃도 황색으로 사랑스

- **약용 부위** : 과실,
  수세미외 물
- **채취 시기** : 가을
- **분포** : 전국
- **생장지** : 관상용으로 재배

럽다. 가을에 줄기를 지상 30cm 정도에서 자르고 땅쪽의 줄기를 병에
꽂아 두면 병 속에 수세미외의 물이 고인다. 옛날에는 이 물로 화장품
을 만들기도 하였고 기침에 좋은 약으로 마시기도 하였다.

> **약효 용법**
> 가래, 기침, 이뇨
> 1. 생과를 적당히 잘라 달여서 그 물을 마신다.
> 2. 줄기에서 받은 물로 화장수를 만든다.

159 수염가래꽃(半邊蓮) Lobelia chinensis

도라지과의 다년생초

높이 5~15cm 내외인 키가 작은 풀이다. 잎은 어긋나며 피침형 또는 좁은 타원형이고 둔한 톱니가 있다. 잎겨드랑이에서 한두 송이의 담홍색 꽃이 봄에 핀다. 과실은 삭과이며 종자는 익으면 적갈색이다.

- 약용 부위 : 풀 전체
- 채취 시기 : 여름
- 분포 : 중부이남 지방
- 생장지 : 습기가 많은 산야

약효 용법

이뇨, 해독
- 1일 2~5g을 달여서 복용한다.

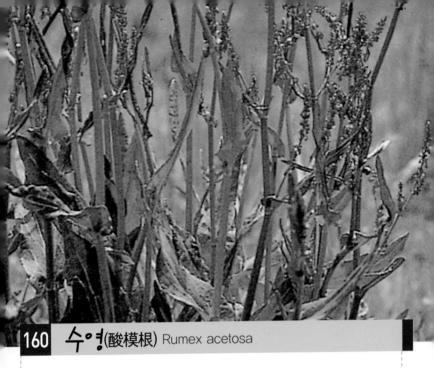

160 수영(酸模根) Rumex acetosa

마디풀과의 다년생초

줄기는 50∼80cm 정도까지 곧게 자라고, 꽃은 5∼6월에 분홍 또는 초록색으로 피는데 4mm 정도로 작다. 밭둑, 논둑 등 어디서라도 쉽게 찾을 수 있는 흔한 풀이며 잎이나 줄기를 씹어 보면 신맛이 난다.

- 약용 부위 : 뿌리와 줄기
- 채취 시기 : 개화 시
- 분포 : 전국
- 생장지 : 인가 부근의 풀밭

약효 용법

방광 결석, 토혈, 혈변, 이뇨
1. 말린 약재를 1회에 4∼6g 달여서 복용한다.
2. 종기 … 생뿌리를 짓찧어 붙인다.
3. 어린잎은 나물로 먹는다.

161 순무(蕪菁) Brassica rapa

겨잣과의 일년생초

무꽃은 흰색이지만 순무꽃은 노란 꽃이라
는 것이 특색이다. 순무도 무처럼 여러 가
지 변종이 있으나 뿌리가 모두 무보다 작다.

- 약용 부위 : 종자, 뿌리
- 채취 시기 : 수시
- 분포 : 전국
- 생장지 : 밭

약효 용법

동상, 기미
1. 동상 … 뿌리즙을 환부에 붙인다.
2. 기미 … 종자를 갈아서 목욕 후 바른다.

162 순비기나무(蔓荊子) Vitex rotundifolia

마편초과의 상록성 소관목

해변가 모래사장 위에 군락을 이루고 자라는데 줄기는 길고 땅을 포복하면서 자라다가 군데군데 뿌리를 내린다. 잎은 폭이 넓은 달걀형이며 네모난 줄기에 마주 붙어 있다. 잎 뒷면에는 보드라운 털이 나 있고 잎 전체에 독특한 향기가 난다. 여름에 입술모양의 보랏빛 꽃이 뭉쳐서 핀다.

- 약용 부위 : 과실, 잎을 포함한 가지 끝
- 채취 시기 : 과실은 가을, 가지는 필요 시
- 분포 : 중부이남 지방의 바닷가
- 생장지 : 바닷가 모래사장

약효 용법

감기, 두통, 손발 저린데, 신경통, 현기증
1. 말린 약재를 1회에 2~5g 약한 불로 달여서 복용한다.
2. 신경통, 손발 저린 데 … 약재를 자루에 넣고 우려낸 물로 목욕을 한다.

163 순채(蓴菜) Brasenia schreberi

수련과의 다년생초

물속에 자라는 다년생초이며 줄기는 연꽃처럼 물속에 있고 지름이 10cm 정도인 잎은 물 위에 떠 있는데 가늘고 긴 잎자루 끝에 타원형을 하고 있으며 표면은 푸른색이고 뒷면은 약간 보랏빛을 띤다. 그리고 줄기와 잎에는 어릴 때 투명한 점질액으로 덮여 있어서 미

- 약용 부위 : 줄기, 잎
- 채취 시기 : 5~6월
- 분포 : 남한 일대
- 생장지 : 연못, 물웅덩이

끈미끈하다. 7~8월경 긴 꽃대가 자라서 그 끝에 붉은빛을 띤 보라색 꽃이 한 송이씩 핀다.

약효 용법

이뇨, 해열

1. 말린 약재를 1일 6~15g을 달여서 3회에 나누어서 마신다.
2. 종기 … 생풀을 짓찧어서 그 즙을 붙인다.
3. 봄에 어린순을 나물로 먹는다.

164 쉽사리(澤蘭) Lycopus ramosisimus var. japonicus

꿀풀과의 다년생초

습지에 자라는 풀로 곧은 줄기는 약 1m 정도에 달하며 땅속에도 굵은 땅속줄기가 있다. 잎은 마디마다 2장씩 마주 나며 피침형이고 가장자리에 톱니가 있다. 꽃은 잎겨드랑이에 붙어서 피는데 6~8월에 희게 핀다.

- 약용 부위 : 풀 전체
- 채취 시기 : 여름, 가을
- 분포 : 전국
- 생장지 : 습기가 많은 곳

약효 용법

혈액 순환, 월경 불순
1. 말린 약재를 1회에 2~4g 달여서 복용한다.
2. 이른봄에 땅속줄기를 캐서 물에 우려낸 다음 나물로 먹는다.

165 승마(升麻) Cimicifuga heracleifolia

미나리아재빗과의 다년생초

초장 1m 내외이며 굵은 근경이 땅속에 있고
여름에 줄기 끝에 이삭모양의 흰 꽃이 핀다.

- 약용 부위 : 근경
- 채취 시기 : 가을
- 분포 : 전국
- 생장지 : 높은 산속

약효 용법

발한, 해열, 해독, 두통
- 다른 약재와 혼용하며 1일 2g이 표준이다.

166　시호(柴胡) Bupleurum falcatum

미나릿과의 다년생초

키는 60cm 정도이고 줄기에는 많은 가지
가 난다. 잎줄기가 평행한 것이 특징이다. 8
~9월에 노란 꽃이 우산모양으로 피는데 5
장의 꽃받침이 마치 별과 같이 크고 뾰족하
게 자라서 꽃잎을 받치고 있다. 열매는 납작
한 타원형이다.

- 약용 부위 : 뿌리
- 채취 시기 : 가을
- 분포 : 전국 각지
- 생장지 : 양지바른 들판

약효 용법

간 기능 보호, 담석증
1. 1회에 말린 약재를 2~4g 달여서 먹거나 가루로 만들어서 먹는다.
2. 다른 약재와 혼용하여 쓰인다.

167 실거리나무(띠거리나무, 雲實) Caesalpinia japonica

콩과의 낙엽 활엽수

햇빛이 잘 드는 개울가에 많다. 덩굴성인 낙
엽 소관목이며 가지에는 가시가 있고, 잎은
서로 마주난다. 초여름에 노란 꽃이 피고,
과실은 깍지 속에서 익는다.

- 약용 부위 : 씨와 뿌리
- 채취 시기 : 6~7월
- 분포 : 제주도, 남해안
- 생장지 : 해변 가까운 곳

약효 용법

학질, 아기 빈혈, 설사, 감기, 요통
1. 1회에 씨는 3~8g, 뿌리 4~6g을 달여서 복용한다.
2. 씨는 기생충 규제 효과도 있다.

168 싸리나무(荊條) Lespedeza bicolor

콩과의 낙엽 활엽수

싸리웇, 싸리비를 만드는 나무로서 높이 3m 정도로 자라는 키 작은 나무이다. 가지를 많이 치고 잔가지에는 줄이 있으며 목질부는 연한 푸른색이 감도는 황색이다. 잎은 서로 어긋나고 작은 타원형이며 가운데에 잎맥이 분명하다. 가지 끝과 가지 끝 가까이에 있는 잎겨드랑이에서 나비모양의 작은 꽃이 이삭모양으로 많이 핀다.

- 약용 부위 : 잎과 가지, 뿌리
- 채취 시기 : 가을
- 분포 : 전국
- 생장지 : 야산

약효 용법

기침, 백일해, 이뇨
1. 말린 약재를 1회에 5~10g 달여서 복용한다.
2. 쇠버짐 … 싸리기름을 바른다.

169 쐐기풀 (蕁麻) Urtica thunbergiana

쐐기풀과의 다년생초

높이 40~80cm에 달하며 전체에 따가운 털
이 나 있어서 손을 대면 몹시 따갑다. 줄기
는 곧게 서며 세로로 골이 파여 있다. 잎은
마주 나고 잎자루가 길며 심장형이고 가장
자리에 깊고 큰 톱니가 있으며 혁질이다. 7
~8월에 피는 꽃은 연초록색이며 이삭모양
으로 뭉쳐 피고 자웅 동주이다.

- 약용 부위 : 풀 전체
- 채취 시기 : 여름, 가을
- 분포 : 전국
- 생장지 : 야산, 풀밭

약효 용법

혈당 강하, 당뇨병, 이뇨
- 1회에 말린 약재 3~6g을 달여서 복용한다.

170 쑥(艾葉) Artemisia princeps var. orientalis

국화과의 다년생초

마디마다 서로 어긋나게 자라는 잎은 흰털
이 밀생하고 있으며, 국화잎처럼 생긴 잎은
중간 정도까지 깊게 갈라져 있고 독특한 향
기가 난다. 늦여름 길게 자란 줄기 끝에 연
보랏빛 꽃이 이삭모양으로 피며 옛부터 약
이나 나물로 많이 이용한 식물이다.

- 약용 부위 : 뿌리, 잎
- 채취 시기 : 잎 … 7월,
  뿌리 … 필요 시
- 분포 : 전국
- 생장지 : 들판 양지쪽

약효 용법

월경 불순, 월경 과다, 감기, 복통, 소화 불량, 식욕 부진, 기관지염, 만성 간
염, 요통
1. 1회에 2~5g 달여서 마신다.
2. 어린 잎을 국을 끓여 먹기도 하고, 떡을 해 먹기도 한다.

171 쓴풀(當藥) Swertia japonica

용담과의 일년생초

모가진 줄기는 가지를 치지 않고 곧게 자라며 끝부분에 이르러 여러 갈래로 갈라져서 그 끝에 흰 꽃이 핀다. 잎은 긴 피침형이며 마디마다 2장씩 마주 나고 잎자루가 없이 줄기에 직접 붙어 있다. 9~10월에 흰 꽃이 피며 꽃잎은 끝이 뾰족하고 5장의 꽃잎이 활짝 핀다.

- 약용 부위 : 풀 전체
- 채취 시기 : 가을
- 분포 : 남부 지방과 제주도
- 생장지 : 양지바른 산야

약효 용법

소화 불량, 식욕 부진
- 말린 약재를 1회에 0.3~1g을 달여서 먹거나 가루로 만들어서 먹는다.

172 쓴바귀(苦菜) Ixeris dentata

국화과의 다년생초

도처에서 발견되는 흔한 풀로서 높이 25~50cm 정도로 자라고 위에서 가지가 갈라진다. 초여름에 노란 꽃이 피고, 줄기와 잎을 자르면 흰색의 즙이 나온다.

- 약용 부위 : 풀 전체
- 채취 시기 : 봄
- 분포 : 전국
- 생장지 : 야산, 들, 인가 부근 풀밭

약효 용법

소화 불량, 폐렴, 음낭 습진, 비염, 종기, 타박상
1. 1회에 2~4g을 달여서 먹는다.
2. 타박상에 생품을 짓찧어서 붙인다.
3. 이른봄 뿌리를 물에 오래 우려낸 다음 나물로 먹는다.

173 아카시아 Acacia

콩과의 낙엽 교목

미국 원산인 이 나무는 맹아력이 강하고 발
육이 잘 됨으로 척박한 땅에서도 잘 자라기
때문에 사방 조림용이나 속성 연료림 조성
으로 많이 심었다. 지금은 전국 어디서라도
흔히 볼 수 있다. 봄에 피는 우유빛 꽃은 향
기가 좋고 꿀이 많아 좋은 밀원 식물이 되
기도 한다.

- 약용 부위 : 꽃, 잎, 수피
- 채취 시기 : 봄, 초여름
- 분포 : 전국
- 생장지 : 야산, 들, 인가
  부근

약효 용법

이뇨

1. 잎을 불에 말려 차로 마신다.
2. 수피를 1일 5~10g을 달여서 3회에 나누어 마신다.

174 애기똥풀(젖풀, 白屈菜) Chelidonium majus var. asiaticum

양귀비과의 이년생초

마을 부근이나 밭 가에서 흔히 볼 수 있는
풀로 온몸에 부드러운 털이 나 있다. 잎이
나 줄기를 자르면 주황색 즙이 나오는 것
이 특징이다. 꽃은 지름 2cm 정도이고 4장
의 노란 꽃잎은 초여름의 들판을 아름답게
장식한다.

- 약용 부위 : 풀 전체
- 채취 시기 : 봄, 여름
- 분포 : 전국 각지
- 생장지 : 인가 부근,
  야산, 들

약효 용법

진통, 진해, 이뇨
1. 1회에 2g 달여서 복용한다.
2. 옴, 종기, 벌레 물린 데 … 생풀을 짓찧어 붙인다.

175 애기부들 Typha angustata

부들과의 다년생초

물이나 습지에 자라는 풀로서 100~120cm 가량의 길고 밋밋한 잎을 가지고 있다. 줄기 끝에 마치 아이스크림처럼 원통형으로 생긴 두 개의 꽃이 피는데 위의 것이 수꽃이고 아래의 것이 암꽃이며, 이들은 많은 꽃들의 모임으로 이루어져 있다. 애기부들은 수꽃과 암꽃의 간격이 약 2~5cm 정도로 짧게 벌어져 있으므로 부들과 쉽게 구별이 된다.

- 약용 부위 : 꽃가루
- 채취 시기 : 6~7월
  (개화기)
- 분포 : 중부이남 지방
- 생장지 : 연못가나 늪 등
  물 속 또는 물가

약효 용법

월경 불통, 산후의 혈, 이뇨
- 말린 꽃가루나 볶은 꽃가루를 1회 2~4g 달여 복용한다.

176 앵두나무(郁子) Prunus tomentosa

장미과의 낙엽 활엽수

높이 2m 정도인 작은 나무인데, 꽃은 잎보다 먼저 가지의 마디마디 1~2송이씩 희게 피고 6월에는 작고 붉으며 피부에 광택이 있는 사랑스러운 열매가 많이 맺는다.

- 약용 부위 : 과실
- 채취 시기 : 6월경
- 분포 : 전국
- 생장지 : 인가 부근 울타리

약효 용법

소변불금, 변비, 사지 부증, 소화 촉진
1. 1회에 2~4g을 달여서 마신다.
2. 소화 촉진 … 앵두주를 담궈 마신다.

177 얼레지(山慈姑) Erythronium japonicum

백합과의 다년생초

땅속에 3~5cm 가량 되는 장타원형의 알뿌리가 있는데 봄이 되면 거기서 20cm 가량의 꽃줄기가 나와 6장의 꽃잎이 달린 보랏빛 아름다운 꽃이 핀다. 꽃줄기 양편으로 2장의 특이한 잎이 나는데 표면에는 보랏빛 얼룩무늬가 있다.

- 약용 부위 : 알뿌리
- 채취 시기 : 5~6월경
- 분포 : 전국
- 생장지 : 산속 기름진 곳

약효 용법

위장염, 설사, 구토, 화상
1. 1회에 4~6g 달여서 마시거나 가루로 먹는다.
2. 화상에는 가루를 뿌린다.

178 엉겅퀴(野紅花, 山牛旁) Cirsium japonicum var. ussuriense

국화과의 다년생초

아무 풀밭에서라도 쉽게 찾아볼 수 있는 이 풀은 많은 종류의 엉겅퀴 중에서도 가장 꽃이 먼저 피며 초장 1m에 달한다. 꽃받침에 끈적끈적한 점액이 있는 것이 특색이다.

- 약용 부위 : 뿌리, 잎, 줄기
- 채취 시기 : 5~6월
- 분포 : 전국 전역
- 생장지 : 풀밭, 들판

약효 용법

해열, 신경통, 종기, 건위
1. 신경통, 건위 … 1회에 건조 뿌리 2~4g을 달여서 복용한다.
2. 종기 … 생뿌리를 짓찧어서 붙인다.
3. 어린잎은 나물로 먹고, 줄기는 장아찌로 담가 먹는다.

179 여뀌(水蓼 · 澤蓼 · 川蓼) Persicaria hydropiper

마디풀과의 일년생초

물가나 습기가 많은 곳에 자라는 일년생초로서 높이 약 60cm에 이르는 흔한 잡초이다. 잎은 피침꼴이고 줄기마다 마디에서 어긋나게 잎이 난다. 그리고 잎은 매우 매운맛이 있어서 소도 잘 먹지 않는다. 가지 끝에 이삭모양의 꽃이 6~9월에 피는데 색은 흰색이 많으나 간혹 붉은색도 있다.

- 약용 부위 : 잎, 종자
- 채취 시기 : 잎은 수시, 종자는 11월경
- 분포 : 전국에 널리 분포
- 생장지 : 냇가, 풀밭 속, 물가

약효 용법

지혈, 부스럼
- 타박상, 벌레 물린 데 … 생풀을 짓찧어서 붙인다.

180 여주(苦瓜) Momordica charntia

박과의 일년생초

줄기는 가늘고 길며 덩굴손을 내어 다른 물
체에 감아 올라간다. 잎은 어긋나고 5~7갈
래로 갈라지며 여름, 가을에 황색 꽃이 핀
다. 열매는 긴 타원형이며 표면에 혹과 같
은 돌기가 많으며 여지(茘技)와 비슷하다.
열매가 특이해서 관상용으로 많이 심는다.

- 약용 부위 : 과실
- 채취 시기 : 가을
- 분포 : 전국
- 생장지 : 관상용으로
  재배

약효 용법

해열, 해독, 설사, 충혈에 의한 안질
- 1회에 6~10g을 달여서 복용한다.

181 연꽃(蓮) Nelumbo nucifera

수련과의 다년생초

인도 원산인 이 꽃은 불교와 함께 우리나라에 들어온 것으로 추정되며, 물에서 자라는 대표적으로 아름다운 꽃이다. 흙 속에 많은 마디가 있는 굵은 뿌리가 있다. 잎은 긴 잎자루 끝에 달려 물 위에 펼쳐져 있는데 표면에는 눈에 보이지 않는 잔털이 나 있어서 물방울이 잎에 묻지 않고 구슬처럼 굴러 떨어진다. 꽃도 역시 긴 꽃대 끝에 한 송이씩 피는데 물 위에 곱게 피며 물에 젖지 않는다.

- 약용 부위 : 종자
- 채취 시기 : 가을
- 분포 : 전국
- 생장지 : 연못

약효 용법

자양, 강장, 신체 허약, 불면증, 소화 불량, 유정
1. 자양, 강장 … 씨를 날 것으로 먹는다.
2. 기타 증상 … 말린 씨를 1회에 5~6개 먹는다.
3. 뿌리 줄기를 얇게 썰어 조리해서 먹는다.

182 엽란(葉蘭) Aspidistra elatior

백합과의 상록 다년생초

일년 내내 무성한 잎만 보이고 꽃이 눈에 띄지 않으므로 엽란이라는 이름이 붙었다. 그러나 꽃은 4~5월경, 땅의 가까운 곳에 작게 피는데 잎에 가리어 잘 보이지 않으므로 우리가 잘 보지 못할 따름이다. 지하경에서 자란 긴 잎자루에 달린 길이 40~60cm의 넓은 잎은 연중 푸르고 싱싱하다.

- 약용 부위 : 근경
- 채취 시기 : 수시
- 분포 : 제주도, 전남 (거문도)에 자생
- 생장지 : 양지바른 곳, 원예용으로 기름

약효 용법

이뇨, 강심, 거담, 강장
- 근경을 갈라서 그 즙을 1일 3~5g, 3회에 나누어 복용한다.

183 영춘화(迎春花) jasminum nudiflourum

물푸레나뭇과의 낙엽 관목

덩굴성인 가지가 옆으로 퍼지면서 땅에 닿
는 곳에서는 뿌리가 내린다. 잎은 3~5개 작
은 잎으로 된 깃털모양인데 서로 어긋나며,
봄에 황색 꽃이 잎보다 먼저 핀다. 중국 원
산인 이 나무는 관상용으로 많이 심고 있다.

- **약용 부위** : 꽃
- **채취 시기** : 개화기
- **분포** : 전국
- **생장지** : 정원

약효 용법

이뇨
- 1일 3g을 달여서 마신다.

184 오갈피나무 (五加皮) Acanthopanax sessiliflorum

두릅나뭇과의 낙엽 활엽수

야산에서 흔히 볼 수 있는 작은 나무로, 가지에는 작은 가시가 있고 잎자루 끝에 5장의 작은 잎이 나 있다. 5월경 새로 자란 가지 끝에서 연보랏빛 꽃이 우산모양으로 뭉쳐서 핀다.

- 약용 부위 : 근피, 수피
- 채취 시기 : 여름
- 분포 : 전국
- 생장지 : 산골짝 숲속

약효 용법

마비 통증, 요통, 음위, 각기
1. 1회에 2~4g을 달여서 복용한다.
2. 강장, 피로 회복 … 오가피주를 담궈 복용한다.

185 오미자(五味子) Schizandra chinensis

목련과의 낙엽 덩굴성 활엽수

덩굴을 멀리 뻗으며 자라는 식물로 잎 끝이
뾰족한 타원형이며 잎 뒷면의 엽맥에만 가
는 털이 나 있다. 6~7월에 황색의 꽃이 피
고 열매는 여러 개가 송이를 이루어 열리는
데 가을에 붉게 익으며 신맛이 많다.

- 약용 부위 : 열매
- 채취 시기 : 가을
- 분포 : 중부이북 지방
- 생장지 : 산에 숲속,
  약으로 쓰기 위해
  밭에서 재배

약효 용법

자양, 강장, 진해, 피로 회복, 지사
1. 말린 약재를 1회에 1~4g 달여서 복용한다.
2. 오미자주를 담가 조금씩 복용한다.

186 오이(胡瓜) Cucumis sativus

박과의 일년생초

줄기에는 굵은 털이 있으며 덩굴손을 내어 다른 물체에 감아서 올라간다. 여름에 잎드랑이에서 노란 꽃이 피고 수정이 되지 않아도 과실은 씨가 없이 자란다. 열매는 원기둥형이며 익으면 황갈색이 되는데, 우리가 먹는 것은 적당히 자란 미숙과이다.

- 약용 부위 : 과실, 줄기
  에서 얻는 물
  (수세미와 같은
  방법으로)
- 채취 시기 : 여름, 가을
- 분포 : 전국
- 생장지 : 밭에서 재배

약효 용법
더위 먹은 데, 이뇨
1. 생과로 먹는다.
2. 화상 … 오이 줄기에서 받은 물을 바른다.

187 오이풀(地楡) Sanguisorba officinalis

장미과의 다년생초

굵고 단단한 뿌리가 있는 풀이며 곧게 뻗은
줄기에는 가지가 많다. 잎은 깃털 모양의 복
엽이고 소엽은 5~13장이다. 줄기와 가지
끝에서 자란 긴 꽃자루 끝에 어두운 보랏빛
꽃이 작은 솔방울처럼 뭉쳐서 핀다.

- 약용 부위 : 근경
- 채취 시기 : 가을
- 분포 : 전국
- 생장지 : 산과 들 도처

약효 용법

해열, 설사, 지혈, 편도선염
1. 말린 약재를 1회에 5~10g 달여서 복용한다.
2. 봄에 어린잎은 나물로 먹는다.

188 옥수수(玉蜀黍) zea mays

볏과의 일년생초

줄기는 외대로 곧으며 높이 2~3m 정도이다. 잎은 수수 잎같이 크고 길다. 꽃은 단성화로, 수꽃이삭은 줄기 끝에 달리고 암꽃이삭은 줄기 중앙의 잎겨드랑이에 달린다. 열매는 작은 방망이모양의 자루 끝에 촘촘히 달려 있다.

- 약용 부위 : 수염
- 채취 시기 : 가을
- 분포 : 전국
- 생장지 : 밭이나 울타리 가장자리에 재배

약효 용법

이뇨, 급성 신장염
- 말린 약재를 1일 8~10g 달여서 복용한다.

189 왕머루(山葡萄) Vitis amurensis

포도과의 낙엽 활엽 덩굴식물나무

내한성이 강한 덩굴나무이며 길이 10m에
이르는 것도 있다. 잎은 어긋나고 넓은 심
장형이다. 꽃은 6월에 잎과 마주 나는 원추
화서에 피며 황록색이다. 열매는 지름 8mm
정도의 '장과'로 송이를 이루고 아래로 처지
는데 9월경에 검게 익는다.

- 약용 부위 : 과실
- 채취 시기 : 가을
- 분포 : 전국
- 생장지 : 산의 숲속

약효 용법

간장, 피로 회복
- 머루주를 담궈 조금씩 복용한다.

190 외대으아리 (威靈仙) Clematis brachyura

미나리아재빗과의 활엽 덩굴풀

초여름에 그 해 자란 가지 끝에서 지름 10cm 가량의 아름다운 흰 꽃이 핀다. 뿌리를 약재로 쓰며 한약명은 위령선이라고 한다.

- 약용 부위 : 뿌리
- 채취 시기 : 가을
- 분포 : 표고 180~700m 정도인 전국의 산야, 만주, 일본
- 생장지 : 산간 계곡, 숲속

약효 용법

이뇨, 진통, 신경통

- 1일 5~8g을 약 400cc의 물로, 물의 양이 반 정도될 때까지 달여서 3번으로 나눠 식후 30분에 복용한다. 분량 엄수, 2주 이상 연용을 삼가한다.

191 용담(龍膽) Gentiana scabra var. buergeri

용담과의 다년생초

줄기는 외대로 곧게 자라며 60cm에 달한
다. 피침꼴인 잎은 마디마다 2장씩 서로 마
주 나고 잎자루가 없다. 보랏빛 꽃은 8~9
월에 줄기 끝과 줄기 끝 가까운 잎겨드랑이
에서 피는데 종모양이고 끝이 5갈래로 갈
라져 있다.

- 약용 부위 : 뿌리
- 채취 시기 : 가을
- 분포 : 전국 각지
- 생장지 : 양지바른 산과
  풀밭

약효 용법

소화 불량, 담낭염, 두통
- 말린 약재를 1회에 1~3g 달여서 복용한다.

192 우엉(牛蒡子) Arctium lappa

국화과의 월년생초

잎은 매우 크고 넓으며 뒷면에 잔털이 나 있
다. 잎자루도 또한 길다. 땅속에는 길고 굵
은 뿌리가 있다. 꽃에는 침모양의 꽃받침이
둥글게 많이 나 있고 꽃잎도 암자색의 침모
양이다.

- 약용 부위 : 종자
- 채취 시기 : 가을
- 분포 : 전국
- 생장지 : 뿌리를 먹기
위해 밭에서
재배

약효 용법

소염, 거담, 진해, 청혈 해독
1. 1일 8g을 3번 나누어서 복용한다.
2. 뿌리는 식용으로 한다.

193 원추리 Hemerocallis fulva

백합과의 다년생초

땅속뿌리가 사방으로 잘 뻗어 있으며, 뿌리가 뻗어간 곳에서 시원스러운 줄모양의 잎이 난다. 꽃줄기는 잎 사이에서 나와 끝이 갈라져 여러 송이의 꽃이 줄기 끝에 핀다. 꽃은 등황색으로 크고 긴 암술과 수술이 꽃잎 밖으로 나와서 특색을 이룬다.

- 약용 부위 : 인경
- 채취 시기 : 가을
- 분포 : 전국
- 생장지 : 집 가까운
          양지바른 곳

약효 용법

이뇨, 해열, 월경 불순, 젖 분비 촉진
1. 말린 약재를 1회에 2~4g 달여서 복용한다.
2. 어린순을 나물로 먹거나 국을 끓여 먹는다.

194 유자나무(柚子) Citrus junos

운향과의 상록 활엽수

키 5m 내외로 자라는 상록수이며 가지에 가
시가 나 있다. 잎은 어긋나며 달걀꼴이고 가
장자리에 작은 톱니가 있다. 꽃은 6월에 피
는데 향기가 진하고, 열매는 익으면 황금색
이며 신맛이 강하나 향기는 좋다.

- 약용 부위 : 과피
- 채취 시기 : 초여름
- 분포 : 남해안
- 생장지 : 관상용으로 분
  재를 많이 한다

약효 용법

건위, 거담, 해독
1. 열매는 얇게 썰어 더운물에 우려내어 그 물을 마신다.
2. 껍질은 말려 1회에 4~8g 달여서 복용한다.
3. 유자차로 만들어서 먹는다.

195 율무(薏苡) Coix lachryma var. majuyen

벗과의 일년생초

열대 아시아 원산인 일년초이며 우리나라에
들어온 지는 무척 오래이고 지금은 도처에
서 볼 수 있다. 옥수수 잎처럼 생긴 긴 잎은
옥수수보다는 좁고 짧다. 잎 가운데 흰 잎맥
이 뚜렷하며 키는 1~1.5m에 달하고, 잎 사
이에서 꽃대가 나와 타원형 다갈색의 콩만
한 둥근 열매가 맺는다. 이 열매로 염주를 만들기도 한다.

- 약용 부위 : 종자
- 채취 시기 : 가을
- 분포 : 전국
- 생장지 : 양지바르고
  비옥한 곳

약효 용법

소염, 콜레스테롤 낮춤, 항암, 이뇨, 각기
1. 1일 12~35g을 달여서 3회에 복용한다.
2. 껍질을 벗기고 쌀과 함께 밥을 지어 먹기도 한다.
3. 볶아서 차로 마신다.

196 으름덩굴(木通) Akebia quinata

으름덩굴과의 낙엽성 덩굴나무

덩굴이 뻗어서 다른 나무에 기어오르며 자라나고, 묵은 가지에는 마디마다 여러 장의 잎이 난다. 가을이 되면 적자색의 열매가 익어서 껍질이 터져 부드러운 속살이 보인다.

- 약용 부위 : 덩굴
- 채취 시기 : 개화기
- 분포 : 전국
- 생장지 : 산의 숲 가장자리

약효 용법

신장염, 방광염, 요도염, 이뇨 작용
1. 1일 10~15g을 달여서 3회에 나누어 마신다.
2. 열매를 생으로 먹는다.
3. 어린순을 따서 나물로 먹는다.

197 은행나무(銀杏) Ginkgo biloba

은행나뭇과의 낙엽 교목

석기 시대의 식물이라는 은행나무는 각종 공해에도 강하다. 가을에 황금빛으로 물드는 부채모양의 잎은 아름답기 그지없다. 열매는 둥글고 속에 핵이 들어 있다.

- 약용 부위 : 과실
- 채취 시기 : 가을
- 분포 : 전국
- 생장지 : 정원, 공원, 가로수

약효 용법

진해, 소염제, 잎은 방충제

- 1일 5~10g 정도의 열매를 찌어 먹는다.

198 음나무 (엄나무 · 海桐皮) Kalopanax pictus

두릅나뭇과의 낙엽 교목

줄기는 곧게 자라고 키가 큰 것은 약 30m에 달하는 것도 있다. 줄기와 가지에 날카로운 가시가 많이 나 있다. 잎은 손바닥모양이며 5~9번 깊게 갈라져 있고 잎자루는 길다. 7~8월경에 황록색 작은 꽃들이 우산모양으로 많이 모여서 핀다.

- 약용 부위 : 근피, 수피
- 채취 시기 : 필요 시
- 분포 : 전국
- 생장지 : 산의 숲속

약효 용법

신경통, 요통, 관절염, 타박상
1. 말린 약재를 1회에 3~8g 달여서 복용한다.
2. 타박상, 옴, 종기 … 약재를 가루로 빻아 기름에 개서 환부에 붙인다.
3. 이른봄에 나는 새순을 두릅나물처럼 데쳐서 먹는다.

199 이질풀(老鸛草) Geranium nepalense var. thunbergii

쥐손이풀과의 다년생초

잎은 손바닥모양으로 7갈래로 갈라져 있고
마디마다 2장씩 마주 나고 있으며 온몸에
잔털이 나 있다. 잎 표면에는 검은 보랏빛
반점이 있다. 꽃은 잎겨드랑이로 붙어 자라
난 꽃대 위에 1~2송이 분홍색 또는 노란 꽃
이 피는데 꽃잎은 5장이다.

- 약용 부위 : 풀 전체
- 채취 시기 : 여름철
  개화기
- 분포 : 전국
- 생장지 : 산의 양지쪽

약효 용법

이질, 설사, 손발이 저리고 감각이 없어지는 데
- 1회에 2~8g 달여서 복용한다.

200 익모초(益母草) Leonurus sibiricus

꿀풀과의 이년생초

줄기는 깨줄기처럼 모가 나고 높이 1m 정도로 크게 자란다. 잎은 마디마다 마주 나며 깊게 파여서 마치 새발과 같다. 꽃은 보랏빛으로 7~8월에 피며 잎겨드랑이에 뭉쳐서 핀다. 종자는 검게 익는데 채취해서 봄에 뿌린다. 대표적인 민간약으로 특히 더위 먹은 데 탁월한 효과가 있다.

- 약용 부위 : 개화기의 지상부
- 채취 시기 : 여름
- 분포 : 전국에 야생
- 생장지 : 양지바른 들판, 인가 부근

약효 용법

월경 불순, 산후 복통, 현기증, 복통
1. 말린 약재를 1일 6~10g 달여서 복용한다.
2. 더위 먹은 데 … 잎의 생즙을 저녁 때 짜서 밤이슬을 맞힌 다음, 아침 공복에 마신다.

201 인동(忍冬) Lonicera japonica

인동과의 덩굴성 활엽 관목

덩굴로 자라는 나무이며 오른쪽으로 감아
올라가는 특성이 있다. 잔가지는 적갈색이
며 잔털이 나 있고 속이 비어 있다. 잎은 가
장자리가 밋밋하며 톱니가 없고 타원형이
다. 꽃은 6~7월에 가지 끝에 피며 대롱모양
이며 길이는 3cm 정도인데 끝이 다섯 갈래
로 갈라져 있다. 꽃색은 처음에는 희게 피었
다가 점점 연황색으로 변해간다. 열매는 두
개씩 쌍으로 달리는데 익으면 검게 물든다.

- 약용 부위 : 꽃, 잎
- 채취 시기 : 6~7월
- 분포 : 전국
- 생장지 : 산비탈의
  덤불 속

약효 용법

요통, 치질, 관절통, 종기
1. 말린 약재를 1회에 4~10g 달여서 복용한다.
2. 치질 … 50~200g을 욕탕에 우려내어 그 물로 목욕을 한다.

202 일본매자나무(小蘗) Berberis thunbergii

매자나뭇과의 낙엽 소관목

일본에서 관상으로 들어온 이 나무는 지금
은 남부 지방에 토착화되었다. 길이 1~2cm
정도인 잎은 긴 타원형이고 끝이 둥글며 가
지에는 잎이 퇴화한 가시가 날카롭게 나 있
다. 이른봄에 황색의 작은 꽃이 피고 가을에
는 붉은 열매가 맺는다.

- 약용 부위 : 가지
- 채취 시기 : 연중

약효 용법

안질, 건위, 정장
1. 5g 정도 달인 물로 눈을 씻는다.
2. 1일 2~4g을 달여서 마신다.

203 잇꽃(紅花) Carthamus tinctorius

국화과의 이년생초

높이 1m 내외인 풀로서 잎은 어긋나며 넓은 피침형이고 가장자리에 가시가 있다. 7~8월에 적황색 꽃이 핀다. 엉겅퀴와 비슷하게 생겼으나 꽃색이 붉은빛이 감도는 황색이고 가지 끝에 한 송이씩 달린다.

- 약용 부위 : 꽃
- 채취 시기 : 6월경
- 분포 : 전국
- 생장지 : 인가 부근, 야산

약효 용법

산전 산후, 일반 부인병, 복통
- 1일 3~5g을 달여서 3회에 복용한다.

자귀나무(合歡花) Albizzia julibrissin

콩과의 낙엽 활엽수

키가 작은 관목이며 가지가 옆으로 많이 퍼
져서 나무모양이 전체적으로 펑퍼짐하다.
깃털과 같은 아름다운 잎은 밤이면 오무라
드는 특색이 있다. 6~7월경 가지 끝에 많
은 송이의 꽃이 모여서 피는데 꽃잎은 보이
지 않고 많은 수술과 암술이 마치 가는 실을

• 약용 부위 : 가지, 잎
• 채취 시기 : 봄, 여름,
　　　　　　　가을
• 분포 : 중부이남 지방
• 생장지 : 양지바른 야산

둥글게 펼쳐 놓은 듯한데 끝쪽은 분홍색이고 안쪽은 흰색이라서 매우
특이한 아름다움을 보여 준다.

약효 용법
신경 쇠약, 불면증
1. 1회에 수피 말린 것을 4~8g 달여서 복용한다.
2. 건망증, 불면증 … 꽃 말린 것을 1~4g 달여서 복용한다.

205 자귀풀(合萌) Aeschynomene indica

콩과의 일년생초

높이 30~60cm 정도로 자라며 가지를 많이 친다. 잎은 깃털모양이고 큰 잎에는 많은 작은 잎이 규칙적으로 잘 배열되어 있다. 7~8월경에 잎겨드랑이에서 짧은 꽃대가 자라 나비모양인 노란 꽃이 1~4송이 피어난다. 열매는 콩과 같으나 알이 작고, 3~4cm 정도인 꼬투리 속에 들어 있다.

• 약용 부위 : 전체
• 채취 시기 : 여름
• 분포 : 전국
• 생장지 : 양지바르고
           습기가 있는
           풀밭

약효 용법

이뇨, 감기로 인한 신열, 황달, 위염
1. 말린 약재를 1회에 4~8g 달여서 복용한다.
2. 종기, 습진 … 생물을 짓찧어서 붙인다.

206 자금우(紫金牛) Ardisia japonica

자금우과의 상록 활엽수

큰 나무 그늘에 자라는 상록수로서 키가 작고 군생하는 경우가 많다. 땅속줄기가 길게 발달하여 거기서 새로운 줄기가 자라나서 번식한다. 여름에 흰색 또는 홍색의 꽃이 피고 가을에 작고 둥근 열매가 붉게 익는다.

- 약용 부위 : 근경
- 채취 시기 : 가을
- 분포 : 제주도와
         남쪽 해안 지방
- 생장지 : 야산의 숲속

약효 용법

기침, 기관지염, 이뇨
- 말린 약재를 1회에 3~8g을 달여서 복용한다.

207 자두나무 Prunus salicina

장미과의 낙엽 활엽수

희고 지름 2cm 정도의 꽃이 길이 1~1.5cm 정도인 꽃대 위에 퍼부은 듯이 핀다. 굵은 가지는 힘차게 하늘로 뻗고 잔가지는 적갈색이며 윤기가 난다. 여름 과실로 인기가 있으며 많은 개량 품종이 있다.

- 약용 부위 : 뿌리, 씨
- 채취 시기 : 뿌리는 봄, 가을, 씨는 여름
- 분포 : 전국
- 생장지 : 인가 부근

약효 용법

가슴이 답답할 때, 당뇨로 인한 갈증, 기침, 변비
1. 1회에 뿌리는 3~4g, 씨는 2~5g을 달여서 복용한다.
2. 잘 익은 열매는 생과로 먹고, 술도 담근다.

208 작약(芍藥) Paeonia albiffora Pall

미나리아재빗과 다년생 초본

꽃의 생김새가 모란과 비슷하나 개화기가 모란보다 조금 늦으며 모란꽃이 진 후 꽃이 핀다. 꽃잎도 10~13장 정도로 많고 꽃색도 다양하며 꽃송이도 모란보다 커서 쉽게 구별할 수 있다. 뿌리가 약이다.

- 약용 부위 : 뿌리
- 채취 시기 : 가을
- 분포 : 전국 전역, 면지산, 황해도(해주, 장상곶)에는 자생하고 있다고 함
- 생장지 : 야산의 양지

약효 용법

근육 경련으로 인한 복통, 월경 불순, 진정, 진통, 해열 등
- 1일 6~12g을 달여서 먹는다.

209 잣나무(海松) Pinus koraiensis

소나뭇과의 상록 침엽수

높이 약 30m에 달하는 키 큰 나무이며 수
피는 회갈색이고 자람에 따라 껍질이 벗겨
진다. 어린 가지는 굵고 적갈색이다. 길이 6
~12cm 정도인 잎은 5장씩 나며 소나무 잎
보다 더 검푸르다. 굵은 솔방울이 달리며 그
속에 잣이 들어 있다.

- 약용 부위 : 종자
- 채취 시기 : 가을
- 분포 : 중부이북 전 지방
- 생장지 : 산의 중턱
  이상

약효 용법

자양, 강장, 마른 기침, 현기증
1. 약재를 1회에 2~5g씩 달여서 먹는다.
2. 죽을 쑤어 먹기도 하고, 수정과나 약식에 넣어 먹는다.

210 절국대(劉寄奴) Siphonostegia chinensis

현삼과의 반기생 일년생초

반기생 식물이며 자신도 엽록소를 갖고 일부 동화 작용을 하지만, 한편으로는 다른 식물의 뿌리에 뿌리를 박고 그 식물의 양분을 수탈하면서 자란다. 대부분 쑥에 기생을 많이 하므로 쑥이 많은 데서 찾아 볼 수가 있다. 높이 30~60cm에 이르고 가지를 치며, 잎은 서로 마주 난다. 8월경 노란 꽃이 잎겨드랑이에 1개씩 달려서 전체가 이삭모양으로 된다.

- 약용 부위 : 풀 전체
- 채취 시기 : 8~9월
- 분포 : 전국
- 생장지 : 야산, 풀밭

약효 용법

이뇨, 황달
- 1회에 말린 약재를 2~4g 달여서 마신다.

211 접시꽃(蜀葵花) Althaea rosea

아욱과의 여러해살이풀

높이 2m 정도로 키가 큰 꽃나무이며 원통형
인 줄기에는 털이 있다. 긴 잎자루 끝에 달
린 잎은 심장형이고 가장자리가 5~7갈래로
갈라져 있다. 꽃은 잎겨드랑에서 자란 꽃대
에서 6월경에 피는데 붉은색이 대부분이나
개량종이 많아서 꽃색이 다양하다.

- 약용 부위 : 꽃, 뿌리
- 채취 시기 : 여름, 가을
- 분포 : 전국
- 생장지 : 관상용으로
  뜰에 심음

약효 용법

이뇨, 통경
- 1회에 꽃 4~8g, 뿌리 10~15g을 달여서 복용한다.

212 제비꽃(地丁) Viola mandshurica

제비꽃과의 다년생초

봄에 일찍 피는 꽃 중에 하나이다. 잎은 길
쭉한 삼각형이고 끝이 무디며 작은 톱니가
있다. 잎 사이에서 여러 대의 꽃대가 자라
나 짙은 보랏빛 나비모양의 꽃이 핀다. 여
름철에는 꽃도 피지 않으면서 열매를 맺는
특성이 있다.

- 약용 부위 : 뿌리를
  포함한 풀 전체
- 채취 시기 : 봄
- 분포 : 전국
- 생장지 : 풀밭, 인가 부근

약효 용법

설사, 이뇨, 임파선염, 수종
1. 1회 5~10g을 달여 복용한다.
2. 뱀에 물린 데, 종기 등에 생풀을 짓찧어 붙인다.

213 제비붓꽃(社若) Iris laevigata

붓꽃과의 다년생초

근경은 가지를 많이 쳐서 섬유로 텁수룩하다. 잎은 길이 30~90cm, 폭 1~3cm로 넓고 길며 주맥이 없다. 꽃대는 직립하고 40~80cm로 자라 그 끝에 2~3개의 꽃이 핀다. 5~6월에 개화하고 짙은 보라색이며 바깥쪽 꽃잎은 밑으로 많이 처지고 꽃잎 가운데 부분에 백색 또는 황색의 가는 줄이 있다.

- 약용 부위 : 근경
- 채취 시기 : 여름
- 분포 : 남부 지방
  (지리산에 야생)
- 생장지 : 습기가 많은 곳

약효 용법

거담제
- 1회에 2g을 달여서 복용한다.

214 조구등(釣鉤藤) Uncaria sinensis

꼭두서닛과의 목질의 덩굴초

잎은 마주나고 끝이 뾰족한 달걀형이며 잎
겨드랑이마다 가시가 달려 있다. 여름에 깔
때기모양의 황갈색 작은 꽃이 핀다.

- 약용 부위 : 줄기
- 채취 시기 : 가을
- 분포 : 남해안
- 생장지 : 따뜻하고
  습기가 많은 곳

약효 용법

진경, 현기증, 두통
- 1일 3~9g을 천궁 동량과 달여서 마신다.

215 조름나물(睡菜葉) Menyanthes trifoliata

용담물과의 다년생초

습지나 물 속에 나는 풀이며 긴 잎자루에 세 갈래로 갈라진 잎이 나 있고, 잎 사이로 긴 꽃대가 자라서 7~8월경에 깔때기모양의 흰 꽃이 아래로부터 차례로 피어 올라간다.

- 약용 부위 : 잎
- 채취 시기 : 연중
- 분포 : 한국(대관령 · 삼척 이북) · 북구의 한대지역
- 생장지 : 자강도 용림군 등 높은 고원지대의 늪가, 도랑, 습지

약효 용법

불면증, 신경 쇠약, 복통
- 1회에 0.5~1g을 달여서 복용한다.

216　조릿대(山査子, 土山) Sasa borealis

볏과의 다년생초

지하경이 옆으로 뻗고 가지를 많이 친다. 풀의 높이는 1~2m에 이른다. 잎은 빳빳하고 날카로우며 대나무 잎과 비슷하고 길이 10~25cm 정도이고 가장자리가 무척 날카롭다. 잎 전체에 털은 없고 잎의 기부는 포를 이루어 줄기를 감싸고 있다. 대체로 군락을 이루어 한 곳에 많이 자라고 있다.

- 약용 부위 : 잎
- 채취 시기 : 수시로
　　　　　　필요할 때
- 분포 : 전국
- 생장지 : 산의 중턱
　　　　　이하의 숲속

약효 용법

진정, 이뇨
- 녹즙을 만들어서 복용한다.

217 족두리(細辛) Asarum sieboldii

쥐방울덩굴과의 다년생초

봄이 되면 근경에서 긴 잎줄기가 달린 하트
모양의 잎이 2장 정도 나온다. 잎은 광택이
없고 짙은 녹색이며 털이 없고 끝이 뾰족하
다. 꽃은 어두운 자색으로 4~5월에 피며,
잎 사이에 꽃줄기 1개가 나와서 꽃잎은 옆
을 보고 핀다.

- 약용 부위 : 뿌리
- 채취 시기 : 여름
- 분포 : 중부이남 전역
- 생장지 : 산간 음지

약효 용법

기침, 거담, 진정, 진통, 진해, 두통, 신경통
1. 구혈에는 세신(細辛) 분말에 식초를 조금 넣어 콩알만한 환을 지어 매일 밤
   잘 때 배꼽에 넣고 위에 반창고를 붙인다.
2. 하루 1~3g을 달여서 먹거나 가루를 코에 불어넣는다.

218 종려나무(棕櫚) Trachycarpus excelsa

종려나뭇과의 상록수

높이 3~8m에 달하는 상록성 나무로 줄기
끝에 잎이 방사선으로 달린다. 손바닥모양
인 혁질의 잎은 중앙 부근까지 깊게 갈라져
서 마치 부채살을 연상케 한다. 암수 딴 그
루이며 여름철 잎 사이에서 굵은 줄기가 나
와 황백색의 꽃이 핀다.

- 약용 부위 : 꽃
- 채취 시기 : 개화 시
- 분포 : 제주도, 남해안
- 생장지 : 정원, 가로수

약효 용법

고혈압, 지혈
- 고혈압 예방 … 말린 약재를 1일 3~15g 달여서 3회에 나누어 복용한다.

219 주목(朱木) Taxus cuspidata

주목과의 상록수

높은 산에 자생하는 상록성 침엽수이며 잎은 깃털모양이지만 다소 넓고 끝이 둥글며 부드럽다. 수피가 붉을 뿐만 아니라 목질부도 붉은색을 띠고 향기가 난다. 4월에 연노란색 꽃이 피고 가을에 속이 움푹 파인 붉고 다즙인 열매가 열린다.

- 약용 부위 : 잎
- 채취 시기 : 필요 시
- 분포 : 전국 각지
- 생장지 : 높은 산속

약효 용법

이뇨, 지갈, 통경, 혈당을 낮추는 효과

- 말린 약재를 1회에 3~8g 달여서 먹거나 혹은 생즙을 내어서 먹는다.

220 죽사초(竹似草) Nadeya cordata

양귀비과의 다년생초

황무지나 들판에 자라는 키가 큰 다년생초
이며 2m에 달하는 것도 있다. 줄기 속이 비
어 있는 것이 마치 대나무와 같다고 해서 죽
사초라는 이름이 붙었다. 가을이 되면 작은
물고기모양의 과실이 많이 달리는데 그 속
에 여러 개의 종자가 들어 있으며 바람이 불

- 약용 부위 : 줄기와
  잎에서 나는 즙
- 채취 시기 : 봄, 여름
- 분포 : 전국
- 생장지 : 잡초지

때마다 사각사각 소리를 낸다. 한두 그루가 아니고 여러 그루에서 많
은 소리가 날 때는 마치 사람이 속삭이는 것같이 들린다.

약효 용법

피부병, 옴
- 잎에서 나는 즙을 환부에 바른다..

221 죽절인삼(竹節人參) Panax japonicum

오갈피나뭇과의 다년생초

긴 잎자루 끝에 5장의 복엽이 달려 있는데
모양은 달걀형이고 가장자리가 밋밋하며 톱
니가 없다. 키는 약 60cm 정도이고 긴 꽃대
가 자라나 그 끝에 노란색 꽃이 여름에 피며
가을에는 붉고 둥근 열매가 많이 열리는데
꽃보다도 더 이쁘다.

- 약용 부위 : 뿌리
- 채취 시기 : 가을
- 분포 : 경남 지방
- 생장지 : 산의 나무 밑

약효 용법

건위, 거담, 해열
- 1일 3~6g을 달여서 나누어 복용한다.

222 쥐똥나무(水蠟果) Ligustrum obtusifolium

물푸레나뭇과의 낙엽 활엽수

키가 작고 봄에 이삭모양인 작은 흰 꽃이 핀다. 잎은 마디마다 2장씩 쌍으로 나며 가을에는 크기와 모양이 쥐똥과 흡사한 검은 열매가 달린다.

- 약용 부위 : 열매
- 채취 시기 : 가을
- 분포 : 전국
- 생장지 : 야산의 풀밭, 언덕

약효 용법

신체 허약, 유정(遺精), 식은땀, 토혈
1. 1회에 3~5g을 달여서 복용한다.
2. 소주에 담궈 술을 만들어서 복용한다.

223 쥐오줌풀(鹿子草) Valeriana fauriei

마타릿과의 다년생초

높이 1m 정도의 긴 꽃대 끝에 7월이 되면 황
색의 작은 꽃들이 산방 화서로 아름답게 핀
다. 작은 꽃 하나하나는 종모양이고 끝이 5
갈래로 갈라졌으며 4개의 작은 수술이 화관
밖으로 나오고 있다. 잎은 엽병이 없고 깃털
모양으로 깊게 갈라져 있다.

- 약용 부위 : 근경, 뿌리
- 채취 시기 : 가을
- 분포 : 전역, 일본, 만주
- 생장지 : 각지의 야산,
  들판

약효 용법

진정 작용, 억균 작용
1. 말린 약재를 하루 6~10g 달여서 3회에 나눠서 복용한다.
2. 외용약으로 쓸 때는 뿌리를 짓찧어서 붙인다.

224 지모(知母) Anemarrhena asphodeloides

지모과의 다년생초

꽃대는 높이 약 1m로 곧게 서며 잎은 밑동
에서 여러 개가 뭉쳐나는데 좁은 선형이고
빳빳한 경질 잎이다. 꽃은 5월에 연한 자색
으로 피며 과실은 이삭모양으로 핀다. 열매
는 삭과로 가을에 익고 종자는 검은색이다.

- 약용 부위 : 근경
- 채취 시기 : 봄, 가을
- 분포 : 전국 각지
- 생장지 : 밭에서 재배

약효 용법

해열, 이뇨, 진해, 거담
- 다른 약재와 조제해서 사용한다.

225 지치(紫草) Lithospermum erythrorhizon

지칫과의 다년생초

키가 30~60cm에 이르는 작은 풀로서 온몸에 빳빳한 털이 나 있으며 가지 끝부분에 몇 개의 잔가지를 친다. 잎은 마디마다 서로 어긋나게 나고 피침형이며 좀 두껍다. 꽃은 흰색이며 통모양이고 끝이 5개로 갈라져 있다.

- 약용 부위 : 뿌리
- 채취 시기 : 10월
- 분포 : 전국 각지
- 생장지 : 양지바른 산과 들

약효 용법

기침, 코피 나는 데, 변비, 황달
- 말린 약재를 1회에 3~5g 달여서 복용한다.

226 지황(地黃) Rehmannia glutinosa

현삼과의 다년생초

높이 20~30cm의 비교적 작은 풀이며 굵은 근경이 있다. 잎은 근경에서 모여 나며 6~7월에 홍자색의 꽃이 피는데 꽃에도 많은 흰 부드러운 털이 가득 나 있다. 하지 무렵 햇볕이 잘 드는 양지쪽에 근경을 심고 마르지 않도록 위에 짚을 덮어두면 9월경에 꽃을 볼 수 있다.

- 약용 부위 : 뿌리
- 채취 시기 : 늦가을
- 분포 : 전국 각지
- 생장지 : 약용으로 재배

약효 용법

보신, 강장, 해열, 이뇨, 노인성 요통, 백내장
- 한방의 다른 약재와 혼용한다.

227 질경이(車前子) Plantago asiatica

질경잇과의 다년생초

가을이 되면 한 뼘 정도의 꽃줄기 끝에 많은 열매가 열린다. 작은 타원형의 열매는 다른 것이 조금이라도 닿으면 위의 것부터 튕겨 나며 떨어져 멀리 날아간다. 질경이 곁을 동물이나 사람이 지날 때마다 이 작은 종자가 튀어나오는데, 이 종자가 한방에서 말하는 차전자이다. 비가 오는 날이나 아침 이슬로 종자에 물이 묻었을 때는 튀어나온 종자가 동물이나 사람 옷에 붙어서 멀리 멀리까지 운반되어 여러 곳에까지 번식한다.

- 약용 부위 : 풀 전체, 종자
- 채취 시기 : 풀 전체 …
  여름, 종자 … 가을
- 분포 : 전국
- 생장지 : 길가, 풀밭

약효 용법

감기, 기침, 이뇨, 기관지염
1. 말린 잎을 1회에 4~8g 달여서 복용, 씨는 1회에 2~4g 달이거나 가루로 만들어 복용한다.
2. 봄, 초여름에 어린잎과 뿌리를 나물로 먹는다.

228 짚신나물(龍牙草) Agrimonia pilosa

장미과의 다년생초

야산이나 풀밭 등 전국 어디서라도 흔히 눈에 띄는 다년생풀이며 키는 1m 정도로 아주 크고 잎과 줄기에 긴 털이 나 있다. 6~7월에 가지와 줄기 끝에 이삭모양으로 작은 황색 꽃을 피운다. 열매에는 끝이 꼬부라진 갈퀴모양의 털이 있어서 옷에 붙는다.

- 약용 부위 : 풀 전체
- 채취 시기 : 여름
- 분포 : 전국
- 생장지 : 산이나 들의
  풀밭

약효 용법

설사, 이질, 위궤양
1. 말린 약재를 1회에 4~7g 달여서 먹는다.
2. 구내염, 치근 출혈 … 5g을 달인 물로 입 안을 가신다.
3. 봄에 나는 어린 싹을 나물로 먹는다.

229 쪽파 Allium ascalonicum

백합과의 다년생초

잎은 원통형이고 길이 20~40cm, 지름 3 ~5cm 정도이다. 5~7월에 꽃대가 자라 그 끝에 담록색 꽃이 핀다. 뿌리의 인경은 길이 1~2cm이고 마늘과 비슷한 꼴이며 냄새도 비슷하고 매운맛도 비슷하다.

- 약용 부위 : 잎, 인경
- 채취 시기 : 잎 … 2~3 월, 인경 … 3~4월
- 분포 : 중남부 지방
- 생장지 : 재배, 풀밭에 자생

약효 용법

식욕 증진, 소화 촉진, 자양 강장
- 생채로 조리하여 먹는다.

230 찔레나무 (營實) Rosa multiflora

장미과의 낙엽 활엽수

가지는 길게 자라 축축 늘어지고 날카로운 가시는 나무 전체에 빈틈없이 나 있다. 잎은 5~9장의 작은 잎으로 된 기수우상복엽이며 혁질이고 광택이 난다. 5월에 흰 꽃이 피며 향이 감미롭다. 과실은 붉게 익으며 여러 개가 뭉쳐서 달린다.

- 약용 부위 : 과실
- 채취 시기 : 가을
- 분포 : 전국
- 생장지 : 산의 숲가, 개울가, 들판의 풀밭

약효 용법

신장염, 각기, 이뇨, 수종, 변비, 생리통
1. 1회에 2~4g을 달여 마신다.
2. 술을 담가 조금씩 복용한다.

231 차나무(茶) Thea sinensis

차나뭇과의 상록 활엽수

상록성 활엽수이며 일년생 가지는 갈색이며
잔털이 많이 나 있고, 묵은 가지는 회갈색
이며 털이 없다. 잎은 어긋나고 피침형이며
끝이 날카롭고 가장자리에 톱니가 나 있다.
꽃은 10~11월에 피고 흰색이며 꽃잎은 5장
이다. 어린잎을 말려 차로 끓여서 마신다.

- 약용 부위 : 잎
- 채취 시기 : 이른봄
- 분포 : 전남북, 경남
- 생장지 : 산에서 재배

약효 용법

강심, 이뇨, 감기의 두통, 소염제
1. 상시 녹차로 마신다.
2. 다른 약재와 조제하여 쓴다.

참깨(胡麻) Sesamum indicum

참깻과의 일년생초

이집트가 원산인 참깨는 중국을 통하여 우리나라에 들어온 지가 무척 오래여서 지금은 완전히 우리의 경작용 식물로 토착화되었다. 흰 깨가 기름 함량이 많아서 흔히 보이지만 약효는 검은깨가 더 좋다. 그러나 악덕 상인들이 흰 깨를 천연 염료로 염색하여 가짜 검은깨를 만든다는 데 주의를 해야 한다.

- 약용 부위 : 종자
- 채취 시기 : 가을
- 분포 : 전국
- 생장지 : 양지바른 곳

약효 용법

장 활동 윤활, 자양 강장, 허약 체질, 변비
1. 기름을 짜서 음식에 조리해 먹는다.
2. 깨소금을 만들어 먹는다.
3. 검은 깨를 극소량의 소금과 함께 으깨서 매일 조석 식사 시 찻숟갈로 한 개씩 먹는다.

233 참비름(野莧) Amaranthus mangostanus

비름과의 일년생초

키는 약 50cm 정도이고 가지는 옆으로 눕기도 하고 위로도 자라는데 많은 가지를 친다. 잎은 마주 나고 마름모에 가까운 달걀형이며 잎자루가 길다. 꽃은 7~9월에 줄기 끝과 잎겨드랑이에서 이삭모양으로 뭉쳐서 피는데 꽃대가 보이지 않을 정도로 많은 꽃이 피고 꽃 색은 푸른색이다.

- 약용 부위 : 풀 전체
- 채취 시기 : 8~9월경
- 분포 : 전국 각지
- 생장지 : 인가 가까운 곳

약효 용법

감기, 치질, 이뇨, 안질, 종기
1. 이뇨, 감기에 말린 약재를 1회에 4~10g 달여서 복용한다.
2. 치질, 안질, 종기, 벌레 물린 데 … 생풀을 짓찧어서 붙인다.

234 창포(菖蒲) Acorus calamus var. angustatus

천남성과의 다년생초

물가 또는 물속에서 칼과 같이 넓고 광택이 있는 긴 잎을 낸다. 뿌리줄기는 마디가 많고 적갈색이다. 풀 전체에서 좋은 향이 나므로 옛날에는 단오에 창포를 삶은 물에 머리를 감았다.

- 약용 부위 : 근경
- 채취 시기 : 3월, 11월
- 분포 : 전국
- 생장지 : 물가, 연못가

약효 용법

소화 불량, 경기, 건망증, 정신 불안, 기침, 종기
1. 1회 1~3g을 달여서 복용한다.
2. 약재를 달인 물로 목욕을 한다.

235 천남성(天南星) Arisaema amurense var. serratum

천남성과의 다년생초

숲속에 흔한 풀로서 겨울에는 지상부가 마르고 봄이 되면 대롱꼴의 큰 꽃받침으로 둘러싸인 꽃이 피지만, 푸르고 흰 줄이 잘 배열된 10cm 이상이나 되는 꽃받침에 가리어 잘 보이지 않는다. 잎은 5~15개 정도로 갈라지며 긴 잎자루 끝에 붙어 있다.

- 약용 부위 : 알뿌리
- 채취 시기 : 연중
- 분포 : 전국
- 생장지 : 산속의 숲

약효 용법

중풍, 안면 신경 마비, 신경통, 견비통, 종기
1. 1회 1~1.5g을 달여 복용한다.
2. 종기에는 가루로 만들어 기름에 개서 환부에 바른다.

236 천마(天麻) Gastrodia elata

난초과의 다년생초

참나무류의 썩은 그루터기에 나는 버섯 균사에 기생하는 기생 식물이다. 줄기나 꽃이나 모두 황색이며 잎은 없고 녹색 부분이라고는 없다. 겨울에 지상부는 말라 죽고 지하에 감자와 비슷한 근경이 생긴다. 꽃은 줄기 끝에 이삭모양으로 피고 4개의 꽃이 서로 달라붙어 단지모양을 이루며 잎 부분이 3개로 갈라져 있다.

- 약용 부위 : 근경
- 채취 시기 : 여름
- 분포 : 전국
- 생장지 : 깊은 산속의 숲속

약효 용법

두통, 현기증
- 1회에 2~4g을 달이거나 가루로 만들어 복용한다.

237 측백나무 (側柏) Thuja orientalis

측백나뭇과의 상록 교목

키가 큰 상록성 침엽수이나 잎은 향나무 잎
처럼 부드럽고 따갑지 않으며, 생김새가 매
우 특이하다. 전체적으로 납작한 잎은 앞과
뒤가 구분되지 않는다. 수피는 세로로 길게
갈라지며 가지는 불규칙적으로 퍼진다. 생
울타리로 많이 심는 나무이다.

- 약용 부위 : 잎
- 채취 시기 : 필요 시
- 분포 : 전국
- 생장지 : 인가 부근,
  도로변

약효 용법

1. 잎(이뇨, 이질, 고혈압, 월경 불순) ⋯ 1회에 3~5g 달여서 복용한다.
2. 씨(자양, 진정, 강장, 불면증, 신경 쇠약) ⋯ 1회에 2~4g 달여서 복용한다

238 치자나무(梔子) Gardenia, jasminoides for. grandiflora

꼭두서닛과의 상록 관목

초여름에 피는 흰 꽃이 아름답고 또한 풍기는 향기가 좋아서 정원수로도 많이 심는다. 가을에는 길이 5cm 가량의 커다란 적황색의 꼬투리가 달리는데 옛날에는 천연 색소로서 여러 방면에 많이 이용했었다.

- 약용 부위 : 과실
- 채취 시기 : 가을
- 분포 : 제주도
- 생장지 : 따뜻한 양지쪽

약효 용법

감기, 두통, 황달, 각기, 불면증, 요통

1. 1회에 2~5g을 달여서 복용한다.
2. 치자 5~6개를 가루를 내어 달걀 흰자위와 개어서 요통 부위에 붙인다.
3. 물에 불려 식용 색소로 쓴다.

239 칠엽수(七葉樹) Aesculus turbinata

칠엽수과의 낙엽 교목

크게 자란 것은 30m 이상인 거목도 있다. 이른봄 가지 끝에 이삭모양인 흰색의 커다란 꽃이 핀다. 잎은 긴 잎자루 끝에 5~7장의 작은 잎이 마치 손과 같이 방사형으로 붙어 있다. 과실은 둥글고 지름 4cm 정도이며, 익으면 껍질이 세 조각으로 갈라지고 속에 붉은 살이 보인다.

- 약용 부위 : 어린잎, 수피, 종자
- 채취 시기 : 잎은 4월, 수피는 수시, 종자는 8~9월
- 분포 : 중부이남 지방
- 생장지 : 정원

약효 용법

피부염

1. 쇠버짐 … 어린잎에서 나는 점액을 바르거나 종자를 진하게 달여서 그 물을 바른다.
2. 동상 … 종자 분말을 물에 개서 바른다.
3. 설사 … 1일, 수피 10~15g을 달여서 3회에 마신다.

240 칡(葛根) Pueraria thunbergiana

콩과의 다년생 덩굴식물

다른 나무나 바위 등을 기어 올라가며 사는 덩굴나무로 길이 15m 정도 이상으로 뻗는 것도 있다. 잎은 마디마다 서로 어긋나며 긴 잎자루에 3장의 타원형인 잎이 달린다. 잎겨드랑이에서 꽃대가 나와 보랏빛 나비모양의 꽃이 8월에 핀다. 열매는 꼬투리 속에서 익는다.

- 약용 부위 : 뿌리, 꽃
- 채취 시기 : 꽃 … 여름,
  뿌리 … 가을
- 분포 : 전국
- 생장지 : 야산

약효 용법

뿌리(두통, 고혈압, 설사, 이명), 꽃(식욕 부진, 구토, 주독)
1. 뿌리는 1회 4~8g, 꽃은 2~4g을 달여서 마신다.
2. 뿌리에서 녹말을 채취한다.

241 카밀레 Matricaria chamomilla

국화과의 일년생초

유럽이 원산인 이 꽃은 지금은 토착화되어 어디서라도 볼 수 있다. 재래의 들국화와 비슷하나 중심부의 황색 관상화가 색이 진하고 크며 흰색의 설상으로 꽃잎이 다소 짧고 넓다. 특유한 향기가 좋고, 꽃을 말린 것을 약으로 쓴다.

- 약용 부위 : 꽃
- 채취 시기 : 5~6월
- 분포 : 전국에 재배, 유럽
- 생장지 : 양지바른 밭, 야산

약효 용법

발한, 구풍, 소염
1. 감기에 꽃을 1회 5g, 온수에 우려서 마신다.
2. 신경통에 꽃 한 줌을 물에 우려, 그 물로 목욕한다.

242 콩(大豆) Glycine max

콩과의 일년생초

밭에서 재배하는 중요한 작물이며 줄기는
직립하며 가지와 잎에는 작은 털이 많이 나
있다. 나비모양의 꽃은 흰색이 대부분이나
홍자색인 것도 있다. 콩에도 황색, 검은색,
파란색 콩 등이 있으나 약용으로는 검은콩
이 쓰인다.

- 약용 부위 : 종자
- 채취 시기 : 여름, 가을
- 분포 : 전국
- 생장지 : 밭에서 재배

약효 용법

이뇨, 해열, 해독, 감기
- 1일 약 20g 정도를 달여서 그 물을 수시로 마신다.

243 큰조롱(白何首烏) Cynanchum wilfordii

박주가릿과의 다년생초

번식력이 강한 덩굴풀로서 길이 3m 정도까지 뻗어 가는데 시계의 반대 방향으로 돌면서 다른 식물에 감아 올라간다. 마디마다 2장의 잎이 마주 나며 끝이 뾰족하고 잎자루 부근은 깊이 파여 있다. 7~8월에 연초색의 작은 꽃이 이삭모양으로 많이 모여서 핀다.

- 약용 부위 : 뿌리
- 채취 시기 : 가을
- 분포 : 전국
- 생장지 : 산의 덤불 속

약효 용법

자양, 강장, 보혈, 빈혈, 변비, 양기 부족
- 말린 약재를 1회에 2~5g 달여서 복용한다.

244 파 Allium fistulosum

백합과의 다년생초

양념으로 많이 쓰이는 파는 우리나라 사람이라면 모르는 이가 없다. 초여름에 줄기 끝에 공만한 둥근 꽃이 희게 피고 여름에 검은 열매가 결실된다.

- 약용 부위 : 줄기
- 채취 시기 : 필요 시
- 분포 : 전국
- 생장지 : 밭에서 재배

약효 용법

강장, 두통, 거담, 발한, 이뇨
- 흰 줄기를 1~2뿌리 잘게 썰어서 더운물을 붓고 잘 저어서 마신다.

245 파초(芭蕉) Musa basjoo

파초과의 다년생초

2m를 넘을 정도로 키가 큰 풀이며 관엽식물의 대표격인 왕자이다. 고상한 품격과 의연한 자태 때문에 옛날부터 많은 사람들의 사랑을 받아온 식물이다. 잎의 일부인 잎자루가 여러 겹 겹치고 모여서 줄기와 같이 굳고 단단해졌으나 사실은 줄기가 아니고 잎이므로 이를 위경이라고 부른다. 이 위경 끝에 녹색의 대형 잎이 퍼지고 있다.

- 약용 부위 : 잎, 줄기
- 채취 시기 : 필요 시
- 분포 : 전국
- 생장지 : 노지 월동이 어렵고 정원에서 기름

약효 용법

이뇨, 해열
1. 말린 약재를 1회에 2~5g 달여서 마신다.
2. 지혈 … 생잎의 즙을 상처에 바른다.

246 팔손이 Fatsia japonica

두릅나뭇과의 상록 활엽 관목

줄기는 가지를 잘 치지 않고 곧게 자란다.
긴 잎자루에 달린 잎은 손바닥모양으로 크
고 넓으며 5~7번 깊게 갈라져 있다. 표면은
혁질이고 광택이 나며 아름다워서 많은 사
람들이 관상용으로 많이 기른다. 중부 이북
지방에서는 꽃을 보기가 어렵다.

- 약용 부위 : 잎
- 채취 시기 : 상시
- 분포 : 제주도와 남부
  도서 지방
- 생장지 : 관상용으로
  온실에서 많이 기름

약효 용법

류머티즘
- 건조한 잎을 자루에 넣어 욕탕에 우려내어 그 물로 목욕을 한다.

247 팥(赤小豆) Phaseolus angularis

콩과의 일년생초

풀의 모양은 콩과 비슷하게 생겼으나 잎자
루가 더 길고 잎도 또한 더 작으며 잎 뒷면
에만 털이 있다. 꼬투리도 콩보다 더 길고
종자도 더 작으며 종자의 색은 붉은색이 대
부분이나 검은 것도 있다.

- 약용 부위 : 열매
- 채취 시기 : 가을
- 분포 : 전국
- 생장지 : 밭에서 재배

약효 용법

소염, 이뇨, 변비, 각기로 인한 부종
- 붉은 팥 20~30g을 삶아서 하루 세 번 공복에 복용한다.

248 패랭이꽃(瞿麥) Dianthus shinensis

석죽과의 다년생초

너무나 흔한 풀로서 어디서라도 쉽게 찾
아볼 수 있다. 줄기는 네모나 있으며 높이
50cm~1m 정도이고 가지가 많이 갈라져 있
다. 잎은 마주 나며 광택은 없고 뿌연 가루
에 싸인 듯한 느낌이며 가는 털이 나 있다.
여름에서 초가을에 가지 끝과 줄기 끝에서
마치 카네이션과 비슷한 분홍색 아름다운
꽃이 핀다. 관상용으로 정원에 길러도 좋다.

- 약용 부위 : 종자
- 채취 시기 : 가을
- 분포 : 전국에 널리 분포
- 생장지 : 들판의 양지쪽,
  시냇가, 야산

약효 용법

이뇨, 통경, 소염
1. 1회에 2~4g을 달여서 복용한다.
2. 악성 종기에 말린 약재를 가루로 빻아 참기름에 개서 붙인다.

249 패모(貝母) fritillaria ussuriensis

백합과의 다년생초

줄기는 곧게 서고 높이 약 25cm 정도이다. 잎은 2~3개씩 돌려나며 10cm 정도의 선형이고 끝이 날카롭다. 종모양의 꽃은 꽃잎 안쪽에 자주색의 무늬가 있다. 땅속의 인경은 흰색이고 두터운 2개의 인편이 서로 마주보고 있는 모양이 마치 조개와 흡사하다고 패모라는 이름이 붙었다.

- 약용 부위 : 뿌리
- 채취 시기 : 5월경
- 분포 : 북부이남 지방
- 생장지 : 산속의 숲

약효 용법

진해, 거담, 종양통, 독충에게 물린 데
- 감기와 기침으로 담이 끓을 때, 하루 1~3g을 달여 따뜻할 때 마신다.

250 풀명자나무(和木瓜) Chaenomeles japonica

장미과의 낙엽 활엽 관목

이른봄 잎이 아직 다 피기 전에 5장의 꽃잎이 있는 새빨간 꽃이 피며 가지에는 가시와 비슷한 잔가지가 나 있어서 손에 찔리기 쉽다.

- 약용 부위 : 과실
- 채취 시기 : 여름
- 분포 : 남부 지방, 제주도
- 생장지 : 인가 부근

약효 용법

피로 회복
- 과실주를 담궈서 복용한다.

251 피마자(蓖麻子) Ricinus communis

대극과의 일년생초

원산지에서는 전주만큼이나 자라는 것도 있
다고 하나 우리나라에서는 키 약 2m에 달한
다. 잎은 잎자루가 길고 손바닥모양으로 깊
게 갈라져서 넓으며 가지에 어긋나게 나 있
다. 8~9월에 피는 엷은 홍색의 꽃에는 윗부
분에 암꽃 아랫부분에는 수꽃이 피며, 열매
는 삭과로서 3개의 종자가 들어 있다.

- 약용 부위 : 종자
- 채취 시기 : 가을
- 분포 : 전국
- 생장지 : 공한지에 재배

약효 용법

하제

- 피마자기름을 1회에 대인 25cc 정도 복용한다.

252 피막이풀 (天胡荽) Hydrocotyle sibthorpioides

미나릿과의 상록성 다년생초

땅 위를 기어가면서 자라는 작은 덩굴풀인데 마디마다 잎과 뿌리를 낸다. 잎은 둥글고 작으며 긴 잎자루가 있다. 흰색의 작은 꽃은 7~8월에 공과 같이 뭉친 모양으로 피며 풀전체에 부드러운 털이 있다.

- 약용 부위 : 풀 전체
- 채취 시기 : 여름, 가을
- 분포 : 제주도, 남해안
- 생장지 : 수분이 많은 곳

약효 용법

지혈, 해열, 이뇨, 신장염, 황달
1. 상처에 잎을 붙인다.
2. 말린 약재를 1일 10~15g 달여서 3회에 복용한다.

253 하늘고추 Capsicum frutescens

가짓과의 일년생초

열대 원산인 고추는 원산지에서는 다년생초
이나 우리나라에서는 모두 월동을 못하며 1
년에 생을 마친다. 이 고추도 잎, 줄기, 꽃
등 모두 일반 고추와 같으나 열매가 더 작고
끝이 하늘을 보고 자라며 밑으로 처지지 않
는 것이 특색이다.

- 약용 부위 : 과실
- 채취 시기 : 필요 시
- 분포 : 전국
- 생장지 : 관상용으로
  화분에서도
  기름

약효 용법

건위
- 분말로 만들어 소량을 식전이나 식사 때 먹는다.

254 할미꽃(白頭翁) Pulsatilla koreana

미나리아재빗과의 다년생초

이른봄 온몸에 부드러운 흰털을 쓰고 수줍은 듯 아래를 보고 피는 암자색의 할미꽃은, 사실은 꽃잎이 없고 꽃잎처럼 보이는 것은 꽃받침이 발달하여 꽃잎처럼 보이는 것이다. 꽃이 지고 나면 꽃대가 더욱 발달해서 그 끝에 긴 털이 달린 특이한 열매를 맺는다.

- 약용 부위 : 뿌리
- 채취 시기 : 8월
- 분포 : 전국
- 생장지 : 산과 들의 양지쪽

약효 용법

이질, 설사, 코피 흐르는 데, 월경 불순
- 1회에 2~5g을 달여서 마신다.

255 해당화(海棠花) Rosa rugosa

장미과의 낙엽 활엽수

높이 약 1.5m 가량으로 자라는 작은 나무로서 주로 바닷가 모래사장에 흔히 자생한다. 줄기와 가지에 예리한 가시가 나 있을 뿐만 아니라 가시처럼 생긴 많은 털이 함께 나 있어서 접근이 어렵다. 당년에 새로 자라난 가지 끝에 지름 10cm 가량의 커다란 꽃이 붉게 피는데 꽃잎은 5장이다. 꽃이 지고 난 다음에 익는 열매도 역시 붉게 익는다.

- 약용 부위 : 꽃
- 채취 시기 : 6~7월
- 분포 : 전국
- 생장지 : 바닷가 모래사장, 바닷가 가까운 산기슭

약효 용법

지사, 피로 회복, 월경 과다
1. 말린 약재를 1회에 1~3g 달여서 복용한다.
2. 열매를 잼으로 가공해서 먹는다.

256 해바라기 Helianthus annuus

국화과의 일년생초

미국이 원산인 이 꽃은 해를 따라 그 얼굴을
돌리므로 해바라기라는 이름이 붙었다. 관
상용으로 도입되어 오래 전부터 기르고 있
는데 꽃의 지름이 40~50cm에 이르며 키
도 2m가 넘는 것도 있다. 외국에서는 채유
용으로 재배하는 곳도 많다.

- 약용 부위 : 종자
- 채취 시기 : 가을
- 분포 : 전국
- 생장지 : 햇빛이
  잘 드는 곳

약효 용법

자양, 강장
1. 열매를 생식한다.
2. 기름을 짜서 식용으로 한다.

257 향부자(香附子) Cyperus rotundus

방동사닛과의 다년생초

근경은 땅속을 기어가며 군데군데 혹뿌리
를 만든다. 줄기의 하부는 곧게 서며 둥글
고 높이 60cm에 달한다. 잎은 좁은 선형이
고 어긋나게 나며 아래쪽은 줄기를 감싼다.
산형 화서인 꽃은 여름에 피는데 녹갈색을
띠고 있다.

- 약용 부위 : 근경
- 채취 시기 : 가을
- 분포 : 전국
- 생장지 : 양지바른 풀밭

약효 용법

감기 초기
- 보통 단용으로는 쓰지 않고 다른 약재와 혼합해서 쓴다.

258 현호색(玄胡索) Corydalis turtschaninovii

현호색과의 다년생초

줄기는 연하고 곧으며 20cm 가량이다. 잎은 어긋나며 잎자루가 없고 2회 분열한다. 꽃은 담홍자색의 총상 화서로써 깔때기 모양이며 옆을 보고 핀다.

- 약용 부위 : 알뿌리
- 채취 시기 : 4~5월경
- 분포 : 전국
- 생장지 : 산과 들

약효 용법

복통, 생리통, 진경
- 1일 2~5g을 달여서 3회에 나누어 복용한다.

259 호박(南瓜) Cucurbita

박과의 일년생초

덩굴을 길게 뻗으며 자라는 일년생초이며 널리 알려지고 이용되는 채소이다. 여름철 아침에 잎겨드랑이에서 자란 꽃대에서 노란색의 암꽃과 수꽃이 피고 잎과 줄기 모두에는 잔털이 많이 나 있다.

- 약용 부위 : 종자
- 채취 시기 : 가을
- 분포 : 전국
- 생장지 : 집 울타리, 밭에서 재배

약효 용법

더위 먹은 데, 이뇨, 산후
1. 잘 익은 호박을 삶아서 물을 먹는다.
2. 씨를 생식한다.

260 화살나무 (鬼箭羽) Euonymus alatus

노박덩굴과의 낙엽 활엽수

키가 작은 나무이며 가지가 많이 나 있고 잔
가지에는 코르크질의 날개가 붙어 있다. 봄
에 잎겨드랑이에서 작은 꽃대가 나와 작은
초록색 꽃이 2~3송이 핀다. 가을에 열매
가 붉게 익은 뒤 갈라져서 속씨를 노출한다.

- 약용 부위 : 코르크질
  날개
- 채취 시기 : 필요 시,
  가을
- 분포 : 전국
- 생장지 : 산에 양지
  바른 곳

약효 용법

동맥 경화, 가래 · 기침, 월경 불순, 산후의 혈
1. 말린 약재를 1회에 2~4g 달여서 복용한다.
2. 어린 잎은 나물로 먹는다.

261 환삼덩굴(한삼덩굴) Humulus japonicus

삼나무과의 일년생초

덩굴을 뻗으며 자라는 풀로서 긴 줄기는 많은 가지를 치면서 다른 초목에 감아서 올라간다. 온몸에 갈퀴 같은 따가운 가시가 있다. 잎은 마디마다 2장씩 나는데 생김새는 단풍잎과 비슷하다. 농가에서 몹시 골치 아픈 잡초 중에 하나이다.

- 약용 부위 : 풀 전체
- 채취 시기 : 여름, 가을
- 분포 : 전국
- 생장지 : 밭둑, 도로변, 풀밭

약효 용법

해열, 이뇨, 해독
- 하루에 10~15g을 달여서 3회로 나누어서 마신다.

262 황금(黃芩) Scutellaria baicalensis

꿀풀과의 다년생초

키 30~60cm에 이르는 다년생초이며 8월
경, 줄기 끝부분에 입술모양을 한 자색의 꽃
이 핀다. 꽃의 크기는 25~30cm 정도이다.
잎은 서로 마주 나며 끝이 뾰족한 피침형이
다. 뿌리는 긴 원뿔형이고 껍질은 암갈색이
지만 속은 황금색이다. 황금이라는 이름도
속이 황금색이라는 데서 따온 것이다.

- 약용 부위 : 뿌리
- 채취 시기 : 늦가을
- 분포 : 중부 지방
- 생장지 : 산의 풀밭

약효 용법

발열, 고혈압, 담낭염, 기침
- 1회에 2~4g을 달여서 복용한다.

263 황매화(棣棠花) Kerria japonica

장미과의 낙엽 활엽수

일본 원산이며 높이 2m 정도까지 자라는 작은 나무인데, 중남부 지방에서 관상용으로 많이 심어왔다. 떨기마다 가늘고 긴 가지가 총생하는데 겨울에도 가지가 녹색을 유지하는 것이 특색이다. 봄에 잎과 함께 가지가 보이지 않을 정도로 많은 노란 꽃이 핀다.

- 약용 부위 : 꽃
- 채취 시기 : 개화 시
- 분포 : 중남부 지방
- 생장지 : 양지바른 곳

약효 용법

지혈
- 절상(切傷)에 건조시킨 꽃가루를 뿌린다.

264 황벽나무(黃柏) Phellodendron amurense

운향과의 낙엽 활엽수

높이 10m에 달하는 큰 나무이다. 가지가 사방으로 퍼지며 수피는 연한 회갈색이고 자람에 따라 세로로 길게 갈라진다. 마디마다 깃털모양의 잎이 2장이 나고, 각 잎마다 작은 잎이 5~13장 정도 붙어 있다. 잎 표면은 짙은 푸른색이지만 뒷면은 흰빛을 띤다.

- **약용 부위** : 내피
- **채취 시기** : 여름
- **분포** : 전국
- **생장지** : 깊은 산속

꽃은 잎겨드랑이에서 자란 긴 꽃대에 이삭모양으로 피는데 암꽃과 수꽃이 각각 다른 나무에 핀다. 열매는 둥글고 검게 익는데 가을에도 나무에 붙어 있다.

약효 용법

건위, 정장, 수렴, 지사, 타박상, 진통
1. 말린 약재를 1회에 1g, 1일 3회 복용한다.
2. 타박상에 황백 분말에 식초를 넣어 잘 개서 붙인다.

265 회화나무(槐木) Sophora japonica

콩과의 낙엽 활엽수

옛날부터 정자나무라고 하여 서원이나 저택 정자 옆에 많이 심어 왔던 나무이다. 높이 20m 이상에 달하는 큰 나무로서 불규칙적인 많은 가지를 치고 수관이 넓게 퍼짐으로 경관이 아주 우아하다. 새로 자라는 햇가지는 푸른빛이고 껍질을 벗기면 특이한 냄새가 난다. 여름에 연초록색 꽃이 많이 피고, 가을이 되면 염주를 이어 놓은 듯한 둥글고 작은 열매가 많이 달린다.

- 약용 부위 : 꽃, 열매
- 채취 시기 : 여름, 가을
- 분포 : 전국
- 생장지 : 집이나 정자, 사찰 부근

약효 용법

지혈, 진경, 수종, 가슴이 답답한 증세
- 꽃이나 열매 모두 1회에 3~8g을 달여서 복용한다.

266 후박나무(厚朴) Machilus thunbergii

녹나뭇과의 상록 활엽수

높이 20m 정도로 크게 자라며 두텁고 윤기 있는 큰 잎은 가지 끝에 모여서 나는 것처럼 보인다. 봄에 황록색 큰 꽃이 피고 열매는 6~7월경 흑자색으로 익는다.

- 약용 부위 : 수피
- 채취 시기 : 필요 시
- 분포 : 제주도, 울릉도,
  다도해 여러 섬
- 생장지 : 해변가 저지대

약효 용법

건위, 거담, 기침, 구토, 설사
• 1회에 2~4g 달여서 마시거나 가루로 만들어 먹는다.

267 후피향나무 Ternstroemia japonica

차나뭇과의 상록 교목

높이 9m 가량으로 크게 자라는 상록수이며
남부 지방에서 고급 정원수로 많은 사랑을
받는 나무이다. 가지는 적갈색이고 잎은 가
지 끝에 모여 나며 두툼하고 잎맥이 보이지
않는다. 흰색의 꽃은 7월경에 피고 붉은 열
매는 가을에 익는다.

- 약용 부위 : 수피
- 채취 시기 : 필요 시
- 분포 : 제주도
- 생장지 : 양지바른 곳

약효 용법

급체, 치질
1. 1회에 3g을 달여서 복용한다.
2. 치질에 약재를 달인 물로 씻는다.

CHAPTER 03

병 증상에 따른
약초이름 찾아보기

건강 증진, 자양, 강장, 강정

소화기 계통의 질환

호흡기 질환

신경 계통 질환

이비인후과의 질환

해열, 진통, 지혈, 소염

내 몸을
건강하게 지켜주는

약초
사전

(증상에 따른 약초 이용법)

2쇄 발행   2018년 1월 15일

편저자   권영한
펴낸이   남병덕
펴낸곳   전원문화사
주　소   서울시 강서구 화곡로 43가길 30 2층
　　　　　T.(02)6735-2100, F. (02)6735~2103
등　록   1999. 11. 16. 제1999-053호